Christiani

seit 1931

Jörg Stadtfeld

Crashkurs SOLIDWORKS

Teil 2 – Einführung in die Erstellung von Dokumentenvorlagen und Blattformaten

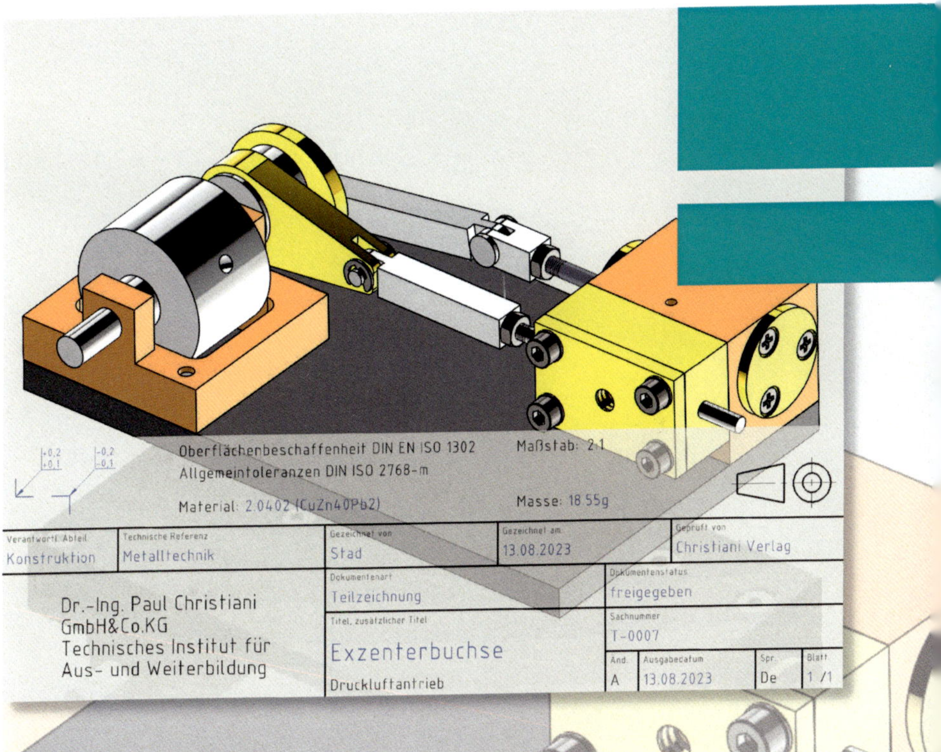

Für die **SOLIDWORKS** Versionen ab 2023

Jörg Stadtfeld

Crashkurs SOLIDWORKS

Die passenden Schulungsunterlagen finden Sie zum Downloaden unter folgendem Link:

https://www.c-learning.com/96444-2/

Passwort: 2LTrE@Z3

Jörg Stadtfeld

Crashkurs SOLIDWORKS

Teil 2 – Einführung in die Erstellung von Dokumentenvorlagen und Blattformaten

3. Auflage 2023

Dr.-Ing. Paul Christiani GmbH & Co. KG

Bestell-Nr. 96444
ISBN 978-3-95863-340-7

---

3. Auflage 2023

Vorwort

Liebe Leserinnen und Leser,

auch wenn die Konstruktion mittels einer 3D-Konstruktionssoftware auf dem industriellen Markt mittlerweile zum Standard geworden ist, die traditionelle technische Zeichnung bleibt für die Prozessbeteiligten innerhalb eines Unternehmens oder zwischen Entwicklungs- und Produktionsstätten ein wichtiges Informationsdokument zur eindeutigen Verständigung. Dabei spielen Vorlagendateien für Teile, Baugruppen, bzw. Zeichnungen einerseits, und Vorlagendateien für Blattformate andererseits eine wichtige Rolle, um firmeninterne bzw. kundenspezifische Standards und Vorgaben voreinzustellen.

Nutzen Sie die Vorteile von SOLIDWORKS neben der schnellen, intuitiven Erstellung von Bauteilen und Baugruppen auch für die Erstellung von Vorlagendateien und sparen Sie somit Zeit und Entwicklungskosten. Fühlen Sie sich eingeladen, Ihre ersten Schritte im Umgang mit der 2D-Lösung des 2D/3D CAD-Hybridsystems SOLIDWORKS zu gehen. Die einzelnen Arbeitsschritte in diesem Buch sind so ausführlich wie möglich dokumentiert, sodass Ihnen dieses Unterfangen mithilfe des vorliegenden Crashkurses sicherlich gelingen wird.

Nehmen Sie SOLIDWORKS beim Wort: *„Learn. Create. Succeed."*

Bergisch Gladbach, im August 2023 *Jörg Stadtfeld*

Zu diesem Kurs

CAD – da geht doch alles mit Mausklick automatisch! In dieser Redensart steckt jedoch nur ein Fünkchen Wahrheit. Die nötige kreative und kognitive Arbeit der Modellierung wird Ihnen als Anwender nicht abgenommen, SOLIDWORKS unterstützt Sie jedoch bei der Erstellung eines 3D-Modells oder einer 2D-Zeichnung.

Der Crashkurs **Teil 2 – Einführung in die Erstellung von Dokumentenvorlagen und Blattformaten** soll Ihnen Grundkenntnisse bei der Erstellung von Vorlagendateien aus parametrisch gesteuerten Bauteilen und Baugruppen mithilfe von **SOLIDWORKS 2023** vermitteln. Der Crashkurs konzentriert sich auf die Vermittlung grundlegender Fähigkeiten und Konzepte, die Sie für einen erfolgreichen Einstieg in das Programm benötigen. Die im Verlauf dieses Kurses erstellten Vorlagendateien, werden Sie anschließend im Crashkurs **Teil 3 – Einführung in die Zeichnungsableitung von Bauteilen und Baugruppen** verwenden können.

Die jeweils verwendeten Verfahrensschritte zur Erstellung der technischen Dokumente erheben nicht den Anspruch, in jedem Fall eine idealtypische Vorgehensweise widerzuspiegeln. Vielmehr sollen exemplarisch verschiedene Möglichkeiten der Erstellung aufgezeigt werden, um Ihnen ein Grundrepertoire an Fähigkeiten zu vermitteln.

Falls Sie weitergehende Informationen zur Verwendung bestimmter Befehle oder Befehlsoptionen benötigen, können Sie diese in der **SOLIDWORKS Online-Hilfe** nachschlagen.

Voraussetzungen

Anwender dieses Buches sollten folgende Voraussetzungen erfüllen:

- Sie haben Grundlagenerfahrungen in der Teile- und Baugruppenmodellation mit SOLIDWORKS.
- Sie haben Erfahrung mit dem Windows Betriebssystem.
- Sie haben ein Mindestmaß an maschinenbautechnischem Verständnis.
- Sie haben grundlegende Kenntnisse im Bereich der Technischen Kommunikation.

Bestmöglich wäre es, wenn Sie Teil 1 des Crashkurses **Einführung in die Konstruktion von Bauteilen und Baugruppen** durchgearbeitet haben.

Inhalt des Downloads

Im Downloadbereich (://www.c-learning.com/96444-2/, Passwort siehe Seite I) finden Sie:

- alle in diesem Buch verwendeten Dateien (Dokumentenvorlagen, Blöcke, Teile)
- alle in diesem Buch erstellten Dokumentenvorlagen und Blattformate.
- begleitende Videos zu schriftlichen Erläuterungen bestimmter Themen bzw. Kapiteln in diesem Buch. Gegebenenfalls müssen Sie zum Abspielen der Videos (mp4-Format) einen Windows CodecPack installieren. Die Videos zeigen die Maus vor einem gelb hinterlegten Kreis, ein aufblitzender roter Ring symbolisiert das Klicken der **linken** Maustaste, ein aufblitzender blauer Ring symbolisiert das Klicken der **rechten** Maustaste während der Zeichnungserstellung.

Im Handbuch verwendete Konventionen

In diesem Handbuch werden folgende typografische Konventionen verwendet:

Konvention	**Bedeutung**
Helvetica Bold	SOLIDWORKS Befehle und Optionen werden in dieser Schrift dargestellt. **Extras**, **Messen** bedeutet, dass Sie im Menü **Extras** den Befehl **Messen** ausführen sollen.
`Maschinenschrift`	Feature-Namen und Dateinamen werden in dieser Schriftart dargestellt. Beispiel: `Skizze1`.
17 ▶ Schritt	Einzelne Verfahrensschritte werden nummeriert und mit der Schrift **Helvetica Bold** eingeleitet.
Information	Neue Informationen, z. B. zu Befehlen, werden durch horizontale Linien von den übrigen Verfahrensschritten getrennt und durch **Helvetica Bold** eingeleitet.
Tipp	Tipps und Tricks zum Umgang mit SOLIDWORKS werden durch eine Glühbirne gekennzeichnet und durch einen Rahmen von den Verfahrensschritten getrennt.
	Einige Themen bzw. Kapitelabschnitte werden durch begleitende Videos ergänzt.

SOLIDWORKS-Lizenzen

Lehrer und Ausbilder können von unserem Partner 3D EduWorks eine kostenlose, auf zwei Monate begrenzte SOLIDWORKS-Testlizenz anfordern. Die Testlizenz beinhaltet ein SOLIDWORKS Student Engineering Kit mit allen Funktionen und Modulen für mechanisches CAD und Simulation.

Anmeldung unter: www.3deduworks.de/index.php/crashkurs

Günstige Lizenzangebote für Schüler, Studierende, Lehrer und Ausbilder finden Sie auf unserer Webseite www.christiani.de.

Inhalt

1 Einführung

In diesem Kapitel erhalten Sie erste Hinweise über die Philosophie bei der Erstellung von Vorlagen und Zeichnungsableitungen mit SOLIDWORKS, der Programmoberfläche und dem leichten Umgang mit dem Programm. Schauen Sie, nachdem Sie ein paar Themen bearbeitet haben, wieder in dieses Kapitel hinein. Sie werden merken, dass Ihnen viele Informationen bzw. Begriffe nun vertrauter vorkommen.

Die SOLIDWORKS Benutzeroberfläche

Die SOLIDWORKS Benutzeroberfläche entspricht der Windows Oberfläche und verhält sich wie andere Windows Anwendungen. Zentraler Punkt der SOLIDWORKS Benutzeroberfläche ist der Grafikbereich, in dem später Ihr Teil, Ihre Baugruppe oder Ihre Zeichnungsableitung entsteht. Über dem Grafikbereich befinden sich der CommandManager sowie die Menüzeile. In der Menüzeile finden Sie ähnliche Einträge wie z. B. beim Officepaket von Microsoft. Links neben dem Grafikbereich befindet sich standardmäßig beim Start des Programms der FeatureManager. (Bild 1.1)

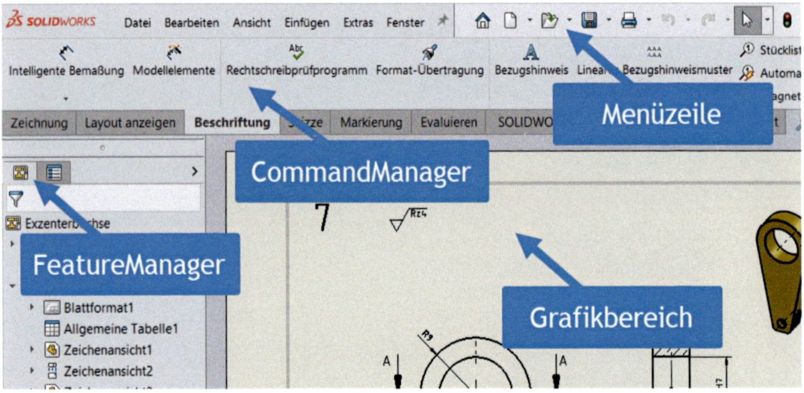

Bild 1.1

Der CommandManager

Der CommandManager ist eine kontextbezogene Symbolleiste, er besteht aus mehreren, umschaltbaren Symbolleisten. Er erleichtert dem Anfänger die Ausführung bestimmter Aufgaben, indem er zum Beispiel in der Zeichnungsableitungs-Version die drei wichtigsten zur Erstellung eines Teils notwendigen Symbolleisten Layout anzeigen, Beschriftung und Skizze beinhaltet. Für den einfacheren Einstieg wird der CommandManager in diesem Buch verwendet, er kann auch beliebig erweitert werden. Dazu kann jede gewünschte Symbolleiste unabhängig von der Verwendung des CommandManagers in jedem Bereich des Programmfensters platziert werden. (Bild 1.2 bis 1.4)

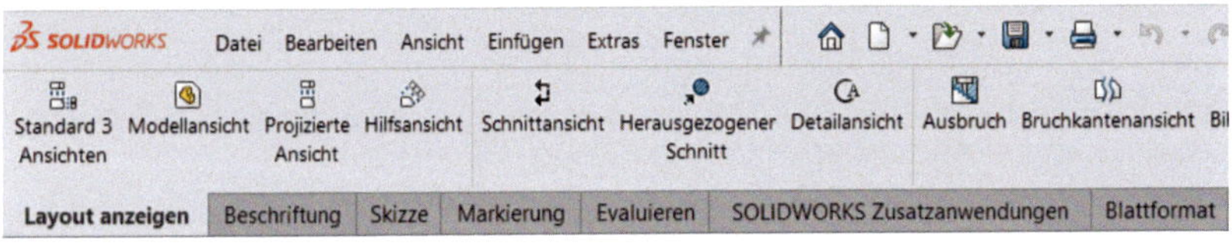

Bild 1.2

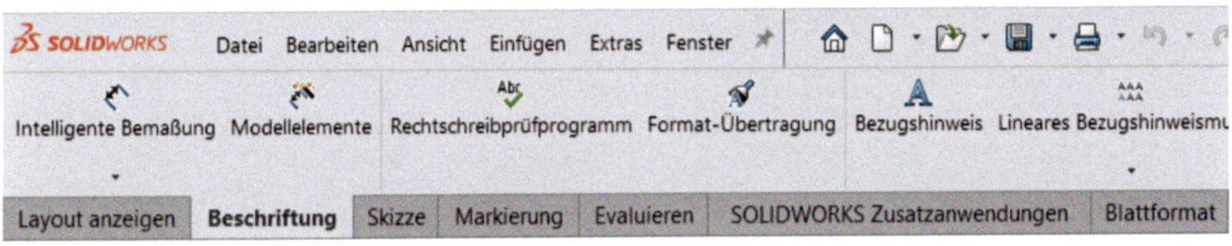

Bild 1.3

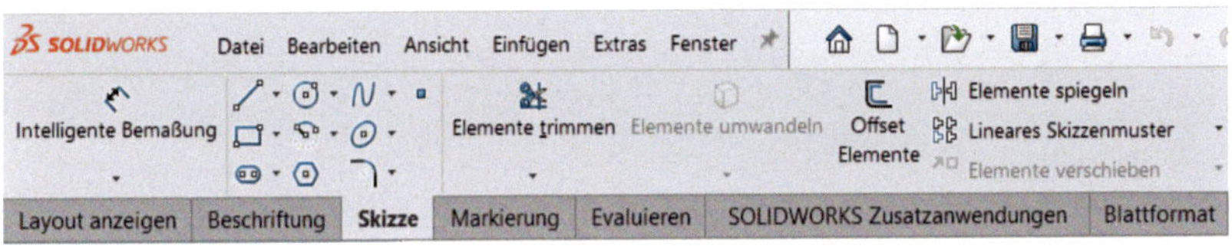

Bild 1.4

Seit SOLIDWORKS 2021 ist es möglich, den CommandManager temporär auszublenden, Dadurch erhalten Sie mehr Platz für die Modelle im Grafikbereich. Klicken Sie dazu im CommandManager rechts unten auf den kleinen Pfeil (Bild 1.5). Mit einem Klick auf die Stecknadel unten rechts im aktivierten CommandManager fixieren Sie diesen wieder (Bild 1.6).

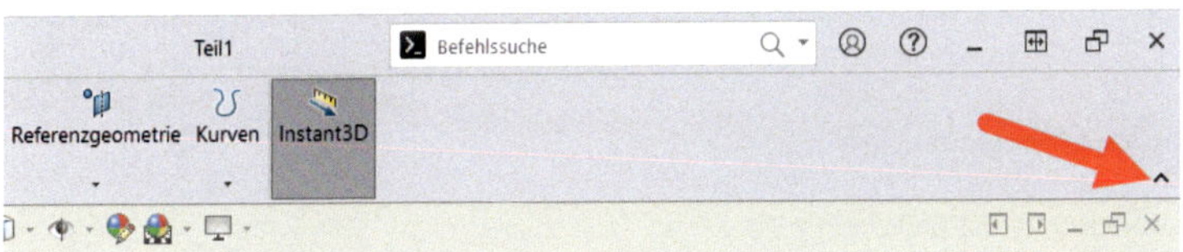

Bild 1.5

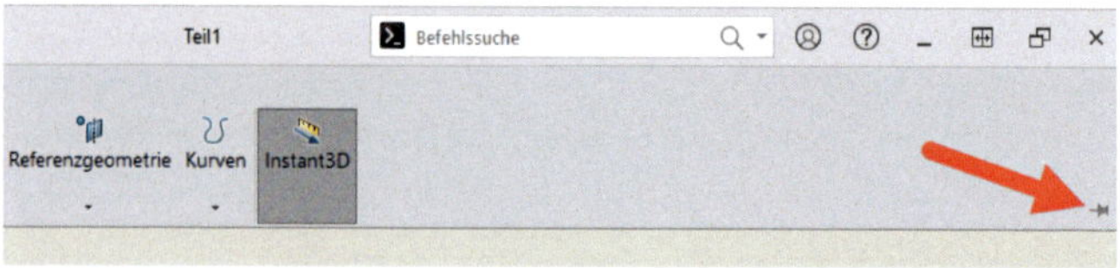

Bild 1.6

Der FeatureManager

Der FeatureManager in Zeichnungen enthält für jedes Blatt ein Symbol, wobei sich unter jedem Blatt Symbole für das Blattformat und für die verschiedenen Ansichten befinden. Unter jeder Ansicht befinden sich die zugehörigen Teile und Baugruppen. (Bild 1.7)

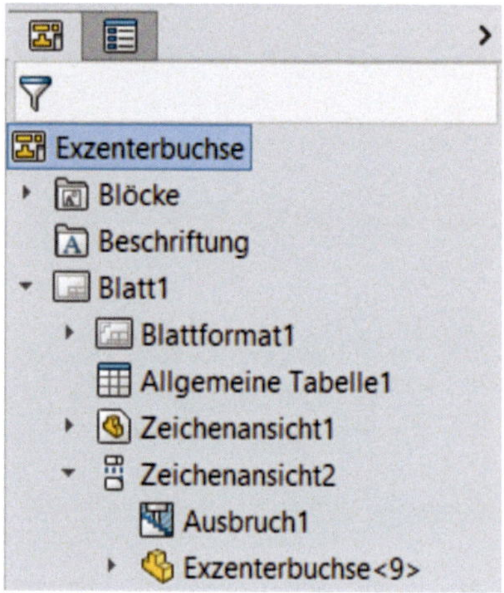

Bild 1.7

Der PropertyManager

Viele Befehle von SOLIDWORKS werden über die Menüs des **PropertyManager** ausgeführt. Wenn diese ausgeführt werden, erscheint an Stelle des FeatureManagers der PropertyManager. (Bild 1.8)

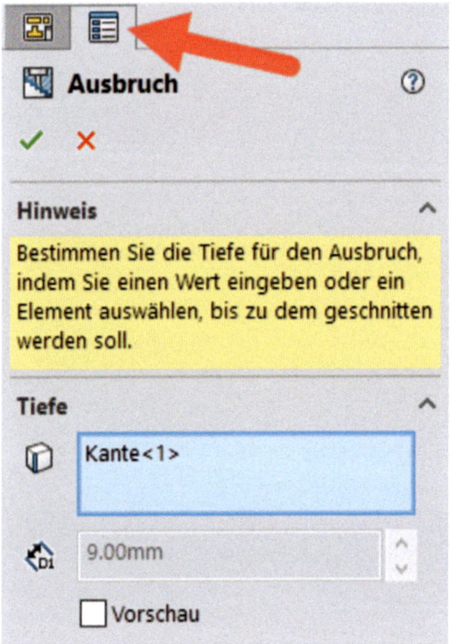

Bild 1.8

Der Task-Fensterbereich

Der Task-Fensterbereich beinhaltet die **SOLIDWORKS Ressourcen**, die **Konstruktionsbibliothek**, den **Datei-Explorer**, die **Ansichtspalette**, die **Erscheinungsbilder, Bühnen und Abziehbilder**, die **Benutzerdefinierten Eigenschaften**. Das Fenster wird standardmäßig auf der rechten Seite eingeblendet und kann in der Größe verändert werden. Der Task-Fensterbereich kann geöffnet und geschlossen sowie auf dem Bildschirm verankert werden. Falls nicht aktiv, aktivieren Sie den Task-Fensterbereich über das Menü **Menü Ansicht, Benutzeroberfläche, Task-Fensterbereich**. (Bild 1.9 bis 1.14)

Bild 1.9

Bild 1.10

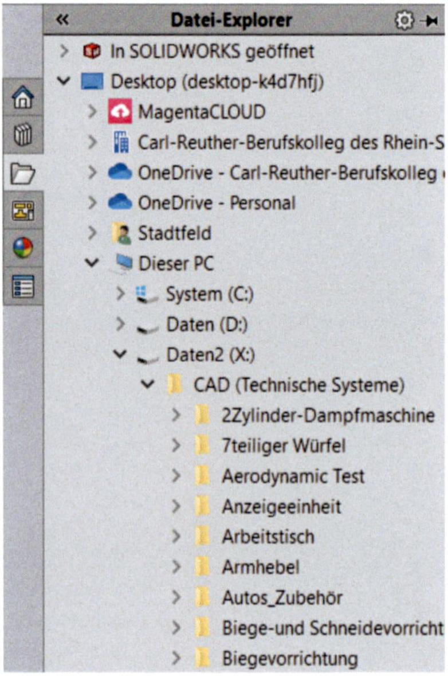

Bild 1.11

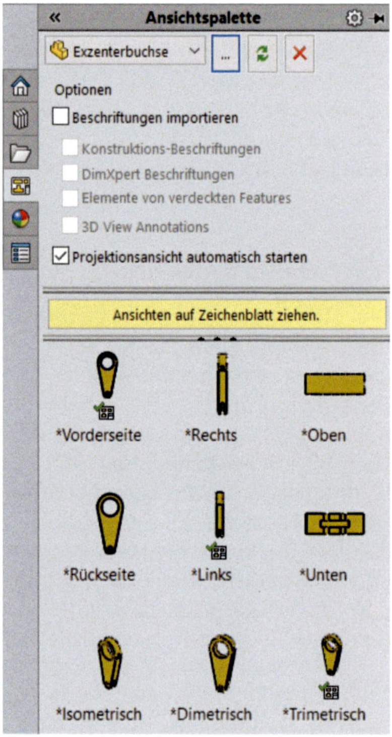

Bild 1.12

Bild 1.13

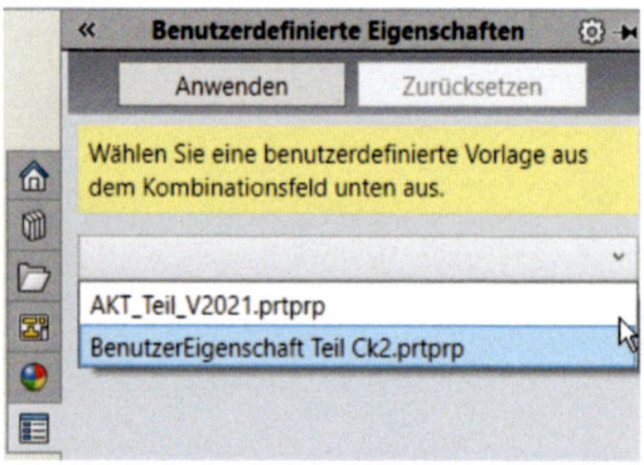

Bild 1.14

Maustasten

Die linke, rechte und mittlere Maustaste haben in SOLIDWORKS unterschiedliche Bedeutung:

- **Links:** zum Auswählen von Geometrieelementen, Menüschaltflächen und Objekten im FeatureManager.
- **Rechts:** zur Aktivierung eines Kontextmenüs. Der Inhalt des Kontextmenüs ist abhängig von dem Objekt, über dem sich der Cursor befindet. Ebenso findet man Shortcuts zu häufig verwendeten Befehlen.
- **Mitte:** zum Zoomen, dynamischen Drehen sowie zum Verschieben eines Teils oder einer Baugruppe und zum Verschieben einer Zeichnung.

System-Feedback

Über ein dem Cursor angehängtes Symbol erhalten Sie ein Feedback über den gerade ausgeführten Befehl, die Anzeige über eine Auswahl oder welche Auswahl das System gerade von Ihnen erwartet. In Bild 1.15 sind einige Symbole dargestellt.

Bild 1.15

Unwählbare Symbole

Systembefehle, die derzeit nicht ausführbar sind, werden in den Symbolleisten **ausgegraut** (Bild 1.16).

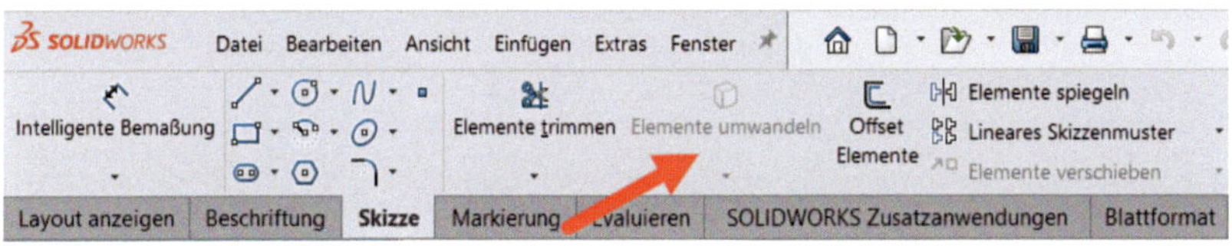

Bild 1.16

Vorauswahl

Prinzipiell ist es in SOLIDWORKS möglich Linienzüge zu skizzieren, bevor Sie ein Menü oder Dialogfeld öffnen. Sie können also beim Erstellen eines Ausbruchs zuerst den entsprechenden Linienzug zeichnen und dann den Befehl **Ausbruch** ausführen aber auch umgekehrt. Eine Mehrfachauswahl vor Ausführung des Befehls ist durch Drücken der **Strg**-Taste wie in anderen Anwendungen möglich.

Tastenkombinationen

Einige Menüpunkte können in SOLIDWORKS durch Tastenkombinationen ausgeführt werden. Tastenkombinationen für Öffnen, Schließen, Rückgängig etc. entsprechen den Windowsstandards. Über das Menü **Extras, Anpassen..., Tastatur** können Sie zudem SOLIDWORKS durch die Erstellung eigener Tastenkombinationen anpassen. (Bild 1.17)

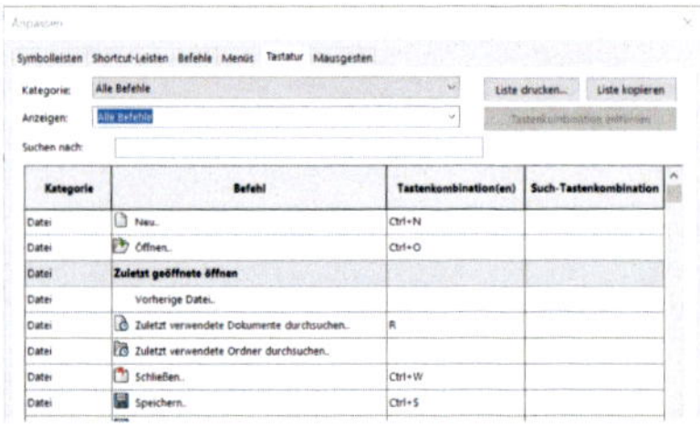

Bild 1.17

Optionen

Im Dialogfeld **Optionen**, dass Sie über das Menü **Extras** aufrufen, können Sie SOLIDWORKS auf Ihre individuellen und betrieblichen Einstellungen bzw. Vorgaben anpassen. (Bild 1.18)

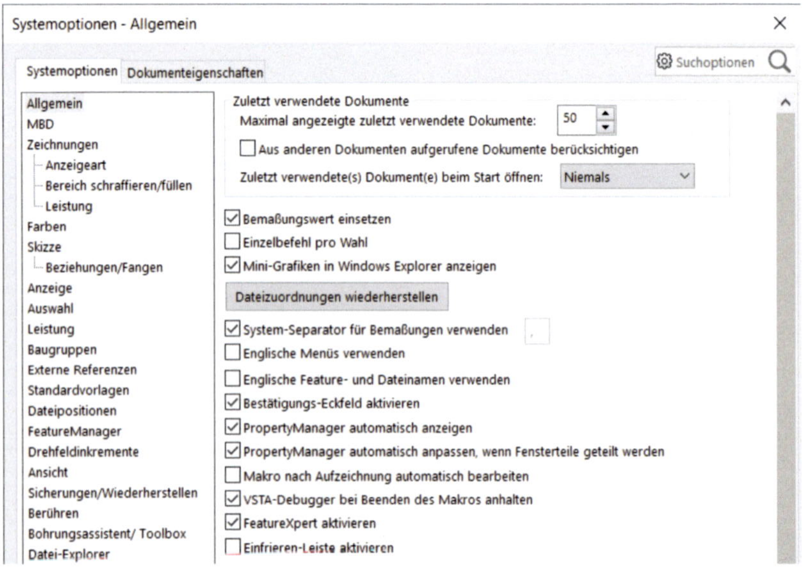

Bild 1.18

Dabei gibt es mehrere Anpassungsebenen:

- **Systemoptionen**
  Die unter Systemoptionen ausgeführten Einstellungen wirken sich global auf alle Dokumente aus, die Sie in der SOLIDWORKS Sitzung öffnen. Systemeinstellungen ermöglichen die Anpassung und Steuerung Ihrer Arbeitsumgebung auf dem Computer.
- **Dokumenteneigenschaften**
  Bestimmte Eigenschaften gelten lediglich für das jeweilige Dokument. Dokumenteneigenschaften sind beispielsweise die verwendete Zeichnungsnorm oder die verwendeten Maßeinheiten. Sie werden mit dem Dokument gespeichert.

Wichtige vorbereitende Maßnahmen

Für ein erfolgreiches Arbeiten im Kapitel 2 es notwendig, dass Sie die folgenden vorbereitenden Maßnahmen treffen:

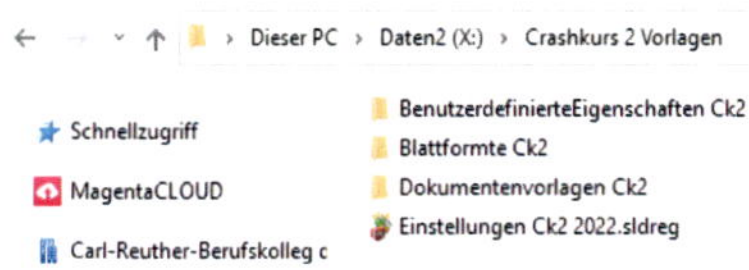

Bild 1.19

1 Kopieren von Dateien mit Vorlagen und Einstellungen vom Downloadbereich auf die Festplatte

Laden Sie die Download-Dateien zu diesem Crashkurs unter dem folgendem Link https://www.c-learning.com/96444-2/ herunter. Sie finden dort im Ordner `Vorlagen` eine Einstellungsdatei mit dem Dateinamen `Einstellung Ck2 2023.sldreg` sowie die drei Ordner Dokumentenvorlagen Ck2, Blattformate Ck2 und benutzerdefinierten Eigenschaften Ck2. Kopieren Sie die Einstellungsdatei sowie diese drei Ordner in ein von Ihnen gewähltes Verzeichnis

> Generell ist es empfehlenswert, alle SOLIDWORKS Vorlagenordner extern zum SOLIDWORKS Installationsordner abzulegen. Bei einer Neu- oder Updateinstallation von SOLIDWORKS bleiben die erstellten Vorlagenordner dann unberührt. Gegebenenfalls müssen in den Systemoptionen nur die Ordnerpfade erneuert werden.
>
> Für diesem Crashkurs ist SOLIDWORKS 2023 unter folgendem Pfad installiert worden: C:\Program Files\SOLIDWORKS Corp23

2 Einstellungen der Systemoptionen wiederherstellen

Mit dem **SOLIDWORKS Einstellungsassistenten** können Sie benutzerdefinierte Einstellungen für Symbolleisten, Verknüpfungen, Menüs und Systemeinstellungen speichern, wiederherstellen oder zurücksetzen und somit auch auf andere Computer übertragen (Bild 1.20).

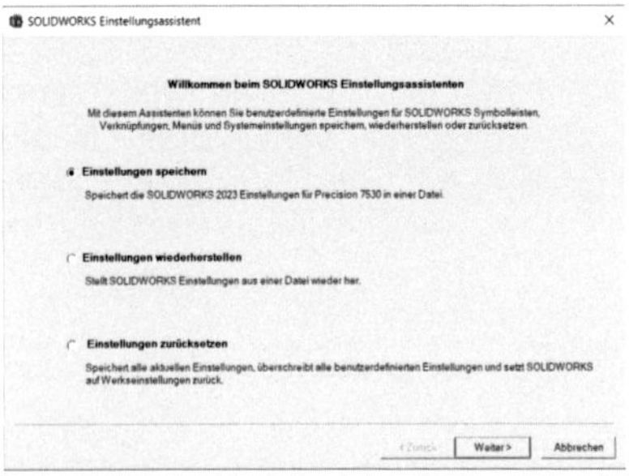

Bild 1.20

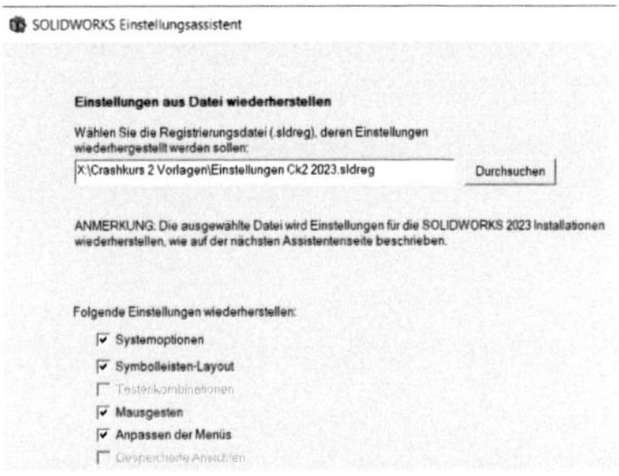

Bild 1.21

Starten Sie SOLIDWORKS. Klicken Sie auf **Extras, Einstellungen speichern/ wiederherstellen....** Wählen Sie unter der Überschrift **Willkommen beim SOLIDWORKS Einstellungsassistenten** die Option **Einstellungen wiederherstellen,** und klicken Sie auf Weiter.

Klicken Sie auf den Button **Durchsuchen** und wählen Sie im Feld **Eine SOLIDWORKS Einstellungsdatei wählen** die Datei `Einstellungen Ck2 2023.sldreg` aus, die wiederhergestellt werden soll. Klicken Sie auf **Weiter** und anschließend auf **Fertig stellen.** Die SOLIDWORKS Einstellungen werden auf den aktuellen Anwender kopiert. (Bild 1.21)

🎬 Video 1.1 zeigt das Einspielen einer Einstellungsdatei zum Wiederherstellen von Systemeinstellungen.

Unter anderem haben Sie nun ein bestimmtes Farbschema für die SOLIDWORKS Benutzeroberfläche (Hintergründe, Symbole, Zeichenpapier, Skizzenstatus, Bemaßungen etc.) hinzugefügt. Je nach Grafikkarte können auch Beleuchtung, Schatten und Reflexionen auf Modelle angewendet werden. So sollten Ihre SOLIDWORKS-Aktionen mit den Aktionen in den Videos übereinstimmen.

> So schauen Sie die verwendeten Symbolfarben an:
>
> Klicken Sie im Menü **Extras, Optionen** auf **Systemoptionen** und anschließend auf **Farben**. Bild 1.22 zeigt Ihnen die im Crashkurs 2 verwendeten Einstellungen für Symbolfarbe, Hintergrund und Farbschemata.

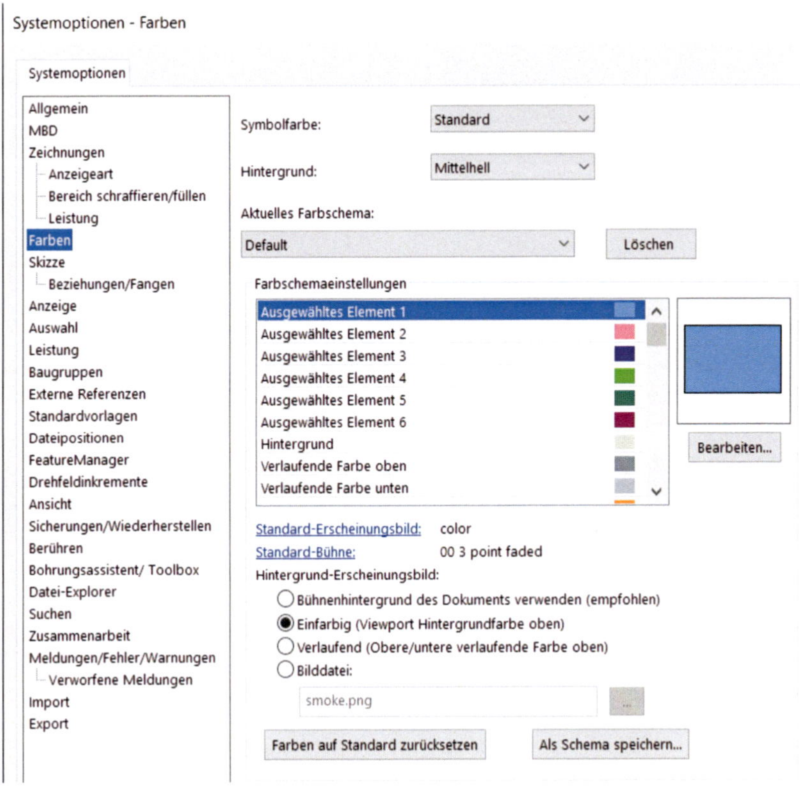

Bild 1.22

3 Dateipositionen von SOLIDWORKS Vorlagen hinzufügen

Nach dem Sie unter Abschnitt 1 die SOLIDWORKS Vorlagen auf Ihre Festplatte kopiert haben, müssen Sie nun die Unterordner

- Dokumentenvorlagen Ck2,
- Blattformaten Ck2 und
- Benutzerdefinierte Eigenschaften Ck2

SOLIDWORKS bekanntmachen.

Wenn nicht schon geschehen, starten Sie SOLIDWORKS.

Fügen Sie unter **Extras, Optionen** auf der Registerkarte **Systemoptionen** unter **Dateipositionen, Ordner anzeigen für:** dem Eintrag `Dokumentenvorlagen` den Ordnerpfad des kopierten Ordners `Dokumentenvorlagen Ck2` hinzu (Bild 1.23). Löschen Sie alle weiteren Ordnerpfade, sodass ausschließlich der kopierte Vorlagenordner für die Dokumentenvorlagen zur späteren Auswahl bereit steht (Bild 1.24).

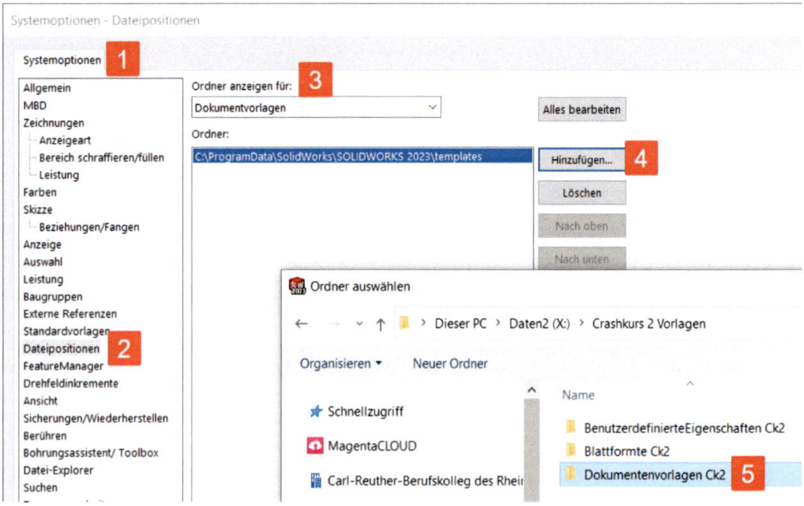

Bild 1.23

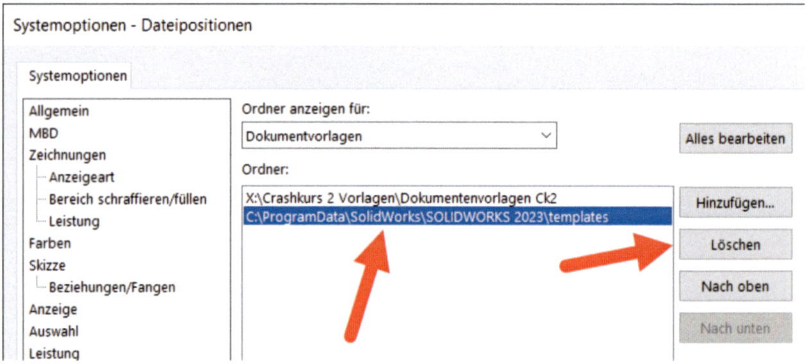

Bild 1.24

Wählen Sie unter **Dateipositionen, Ordner anzeigen für:** den Eintrag `Blattformate` aus und fügen dann den Ordnerpfad des kopierten Ordners `Blattformate Ck2` hinzu (Bild 1.25).

> Falls, wie in unserem Beispiel, zwei benutzerdefinierte Vorlagenordner für Blattformate angelegt sind, wird standardmäßig der oben stehende Ordner ausgewählt. Die Reihenfolge kann über die Buttons [Nach oben] und [Nach unten] verändert werden.

Setzen Sie den Ordnerpfad für die kopierten Blattformate `X:\Crashkurs 2 Vorlagen\Blattformte Ck2` an die oberste Stelle (Bild 1.25).

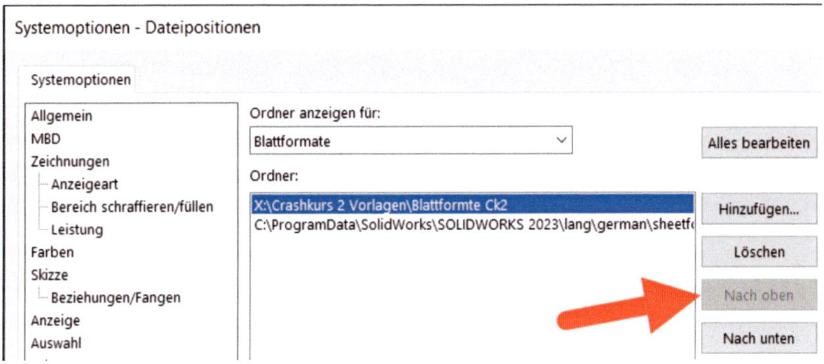

Bild 1.25

Wählen Sie unter **Dateipositionen**, Ordner **anzeigen für:** den Eintrag `Dateien mit benutzerdefinierten Eigenschaften` aus. Löschen Sie den vorhandenen Eintrag und fügen dann den Ordnerpfad des kopierten Ordners `BenutzerdefinierteEigenschaften Ck2` hinzu (Bild 1.26).

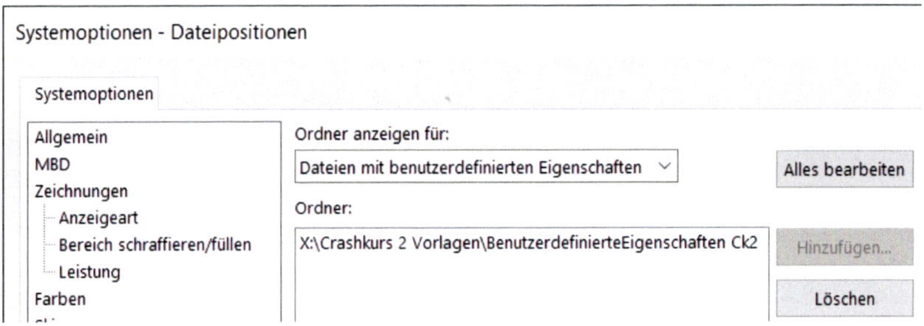

Bild 1.26

Klicken Sie abschließend auf OK, um die neuen Dateipositionen SOLIDWORKS bekanntzumachen.

In Kapitel 2 werden Sie Möglichkeiten kennlernen, eigene Dokumentenvorlagen und Blattformate zu erstellen bzw. zu ergänzen.

🎬 Video 1.2 zeigt das Hinzufügen und Löschen von benutzerdefinierten Dateipositionen der SOLIDWORKS Vorlagen.

2 SOLIDWORKS Vorlagendateien

2.1 Erstellung einer Teil- bzw. Baugruppenvorlage

In einer Dokumentenvorlage sind Dokumenteneinstellungen, angepasst an firmen- oder schulspezifische Besonderheiten, eingestellt. Sie können eine solche Dokumentenvorlage jederzeit ändern und Ihren eigenen Bedürfnissen anpassen.

SOLIDWORKS stellt Dokumentenvorlagen jeweils für Teile `(*.prtdot)`, Baugruppen `(*.asmdot)` oder Zeichnungen `(*.drwdot)` zur Verfügung.

Im Crashkurs **Teil 3 – Einführung in die Zeichnungsableitungen von Bauteilen und Baugruppen** werden Sie beim Erstellen der verschiedenen Zeichnungen benutzerdefinierte Dateieigenschaften (z. B. die Masse und das Material eines Modells) in die Zeichnung automatisch importieren. In Vorbereitung dazu, werden Sie in diesem Kapitel die bereitgestellten Dokumentenvorlagen für *Teile*, *Baugruppen* und *Zeichnungen* benutzerdefiniert ändern und neu abspeichern.

In diesem Abschnitt werden Sie eine benutzerdefinierte Dokumentenvorlage für Teile (→ Teil-Vorlage) erstellen.

SOLIDWORKS starten ◄

SOLIDWORKS bietet Ihnen nach dem Start über das Dialogfenster **Willkommen** eine übersichtlich Methode an, um über die Registerkarten **Anfang**, **Zuletzt verwendet**, **Lernen** und **Alarme** in die verschiedenen SOLIDWORKS-Bereiche direkt zu springen.

Für den weiteren Verlauf dieses Crashkurses ist dieses Dialogfenster nicht von Bedeutung. Schließen Sie mit aktivierter Checkbox **Beim Start ausblenden** das Dialogfenster **Willkommen**. (Bild 2.1.1)

Das deaktivierte Dialogfenster **Willkommen** können Sie unter **Extras**, **Optionen**, **Systemoptionen**, **Meldungen/Fehler/Warnungen**, **Verworfene Meldungen** wieder aktivieren.

Neues Teil öffnen ◄

Klicken Sie auf **Neu** oder wählen Sie **Datei**, **Neu...**. Wechseln Sie ggf. von der Vorlagenauswahl für Neueinsteiger in die für Fortgeschrittene durch Klicken auf **Erweitert**. Erstellen Sie ein neues **Teil** mit der Vorlage `Ck2 Teil Christiani`, indem Sie die Vorlage `Ck2 Teil Christiani` auswählen und auf **OK** klicken. Das Teil wird nur zur Erstellung einer aktualisierten Vorlagendatei verwendet und später nicht mehr benötigt. (Bild 2.1.2)

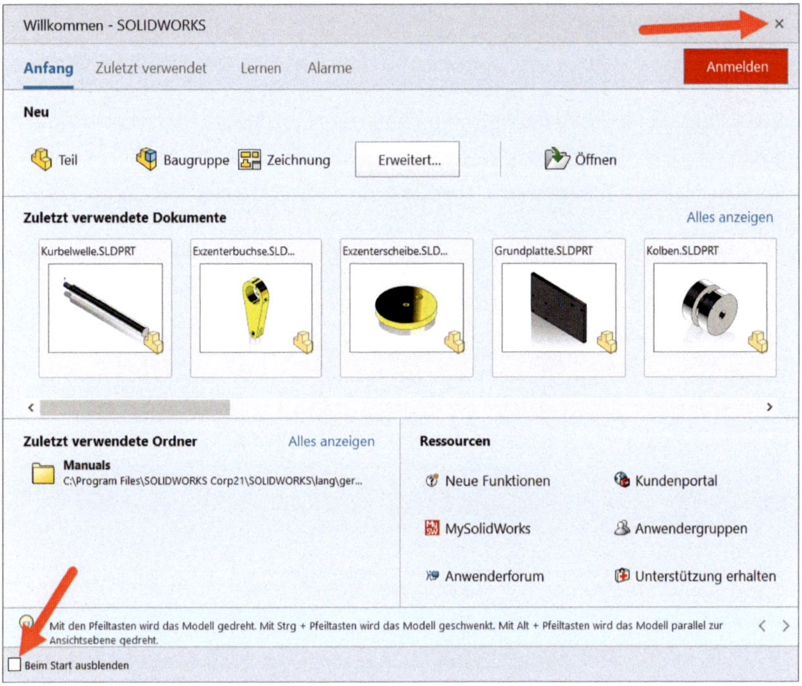

Bild 2.1.1

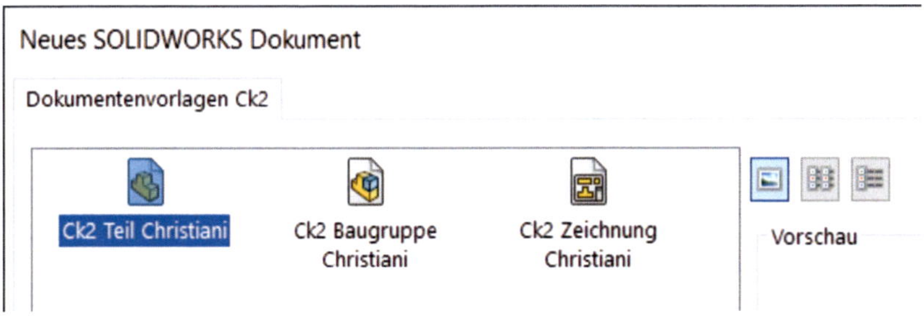

Bild 2.1.2

Einstellungen überprüfen

Wählen Sie in der Menüzeile **Optionen** oder rufen Sie das Dialogfeld **Extras, Optionen...** auf, um die Dokumenteneigenschaften zu modifizieren. Stellen Sie die Dokumenteneigenschaften gemäß der Abbildungen entsprechend ein. (Bild 2.1.3 bis 2.1.9)

Beenden Sie die Einstellungen der Dokumenteneigenschaften durch Klicken auf **OK**.

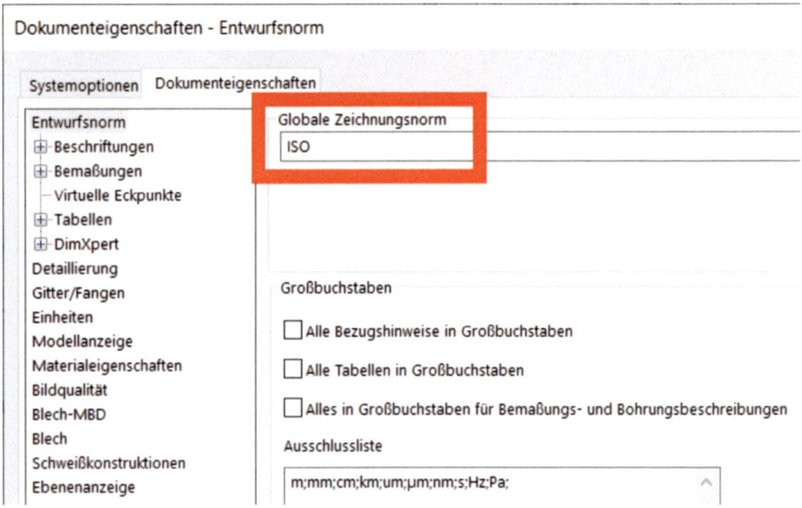

Bild 2.1.3

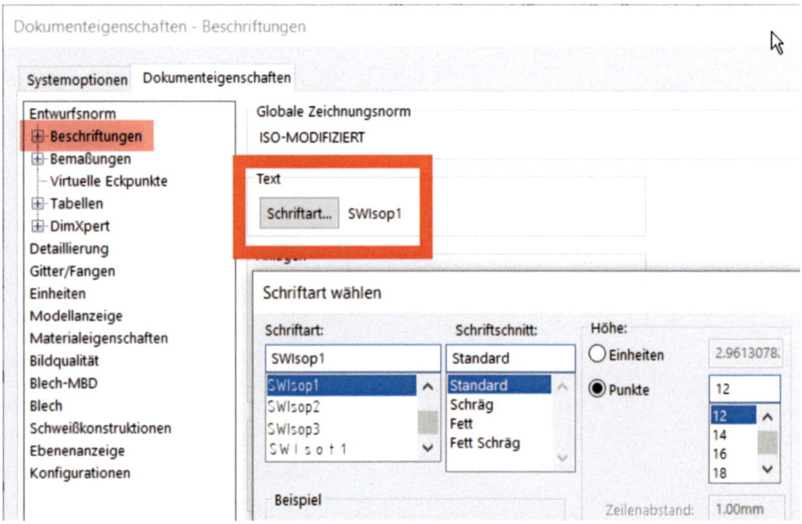

Bild 2.1.4

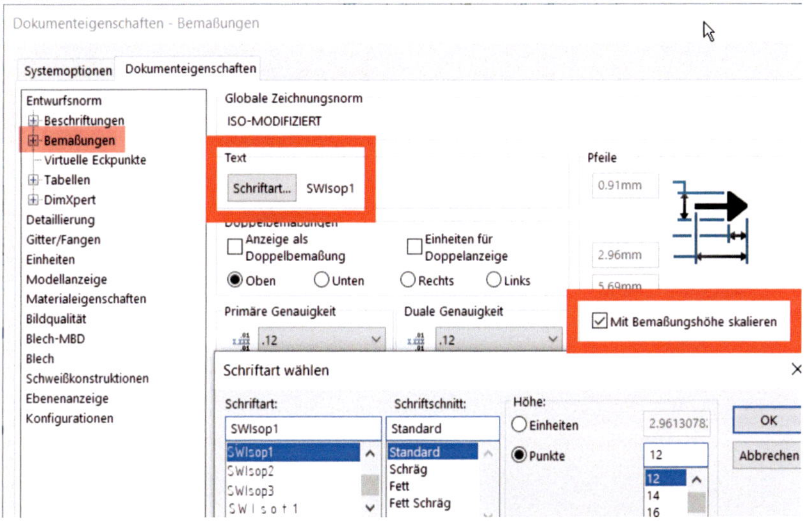

Bild 2.1.5

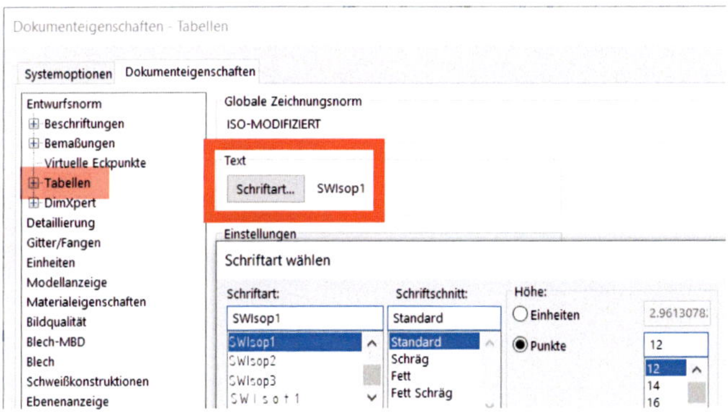

Bild 2.1.6

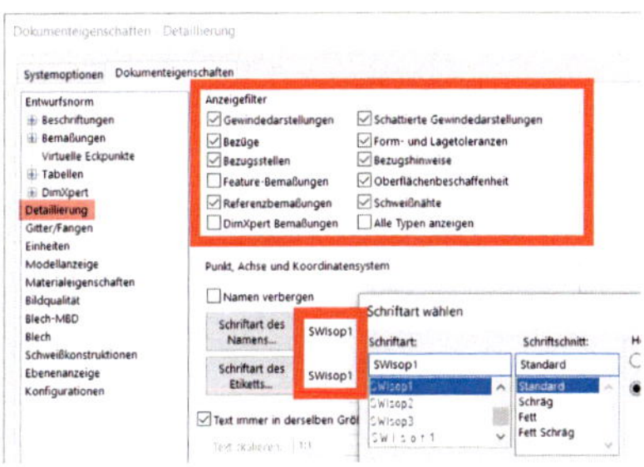

Bild 2.1.7

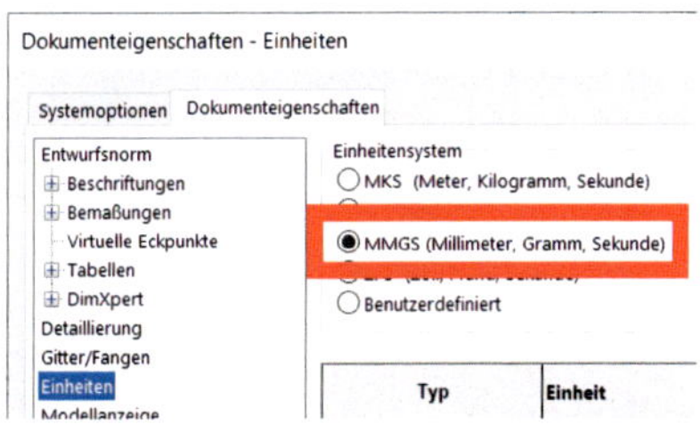

Bild 2.1.8

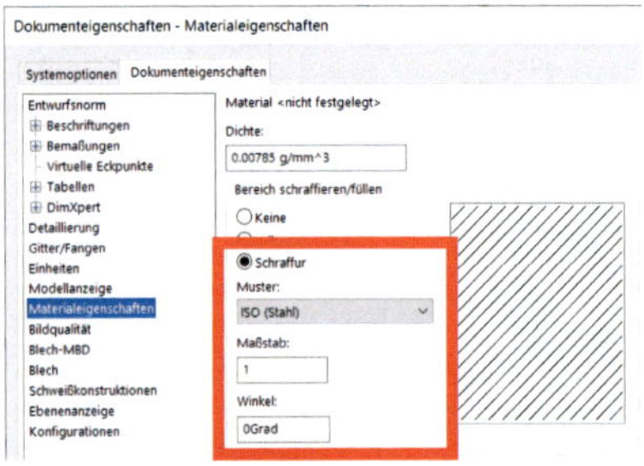

Bild 2.1.9

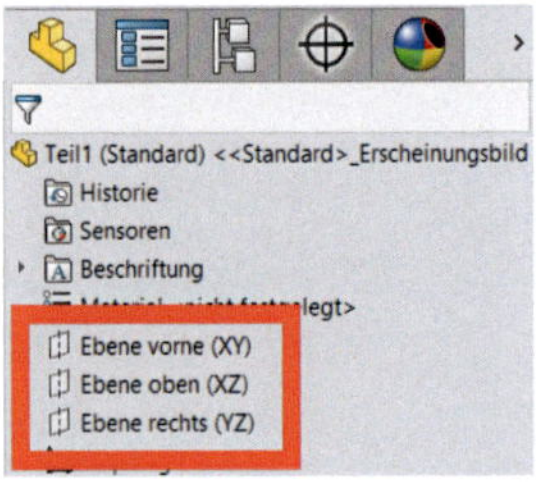

Bild 2.1.10

Namen der Standardebenen ändern

Die Namen der Standardebenen Ebene vorne, Ebene oben und Ebene rechts werden nicht über die System- oder Dokumenteneigenschaften geändert, sondern direkt in der Dokumentenvorlage. Klicken Sie die Standardebenen an, drücken Sie die **F2**-Taste und benennen Sie diese um. (Bild 2.1.10)

Speichern der neuen Dokumentenvorlage

Klicken Sie auf **Datei, Speichern unter...**. Wählen Sie im Dialogfenster als Dateityp Part Templates (*.prtdot) aus. SOLIDWORKS springt in den benutzerdefinierten Ordner für die Dokumentenvorlagen.

Wechseln Sie in den von Ihnen gewählten Standardordner für Dokumentenvorlagen und vergeben Sie der Teil-Vorlage den Dateinamen `Ck2 Teil Christiani (mm)`. Klicken Sie auf **Speichern** und schließen Sie SOLIDWORKS. (Bild 2.1.11)

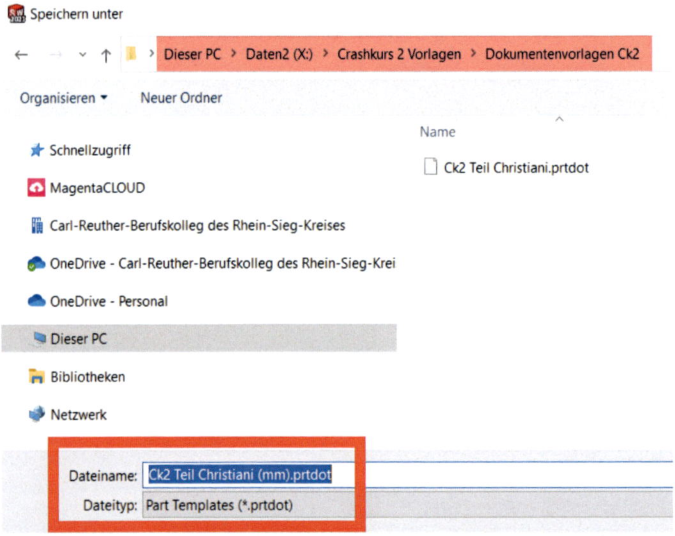

Bild 2.1.11

▶ **Öffnen der neuen Dokumentenvorlage**

Starten Sie SOLIDWORKS und klicken Sie auf **Datei, Neu**. Wechseln Sie in den Ordner Dokumentenvorlagen Ck2 und wählen Sie die eben erstellte Dokumentenvorlage `Ck2 Teil Christiani (mm)` aus. Öffnen Sie ein neues Teil und überprüfen Sie, ob die Änderungen der Schritte 3 bis 4 übernommen worden sind.

▶ **Nachbetrachtungen**

Video 2.1 zeigt das Anlegen einer Teil-Vorlagendatei.

Erstellen Sie mit den erlernten Techniken nach Bedarf eine Baugruppen-Vorlage. Als Dateityp wählen Sie dabei Assembly Templates (*.asmdot) aus.

Video 2.2 zeigt das Anlegen einer Baugruppen-Vorlagendatei.

2.2 Definition Zeichnungs-Dokumentenvorlagen und Vorlagen für Blattformate

Zeichnungs-Dokumentenvorlagen (Zeichnungs-Vorlagen) und **Vorlagen für Blattformate** sind zwar eng miteinander verbunden, aber es handelt sich trotzdem um verschiedene Dateien. Deshalb weisen sie einige Unterschiede auf. Die Zeichnungs-Vorlage besitzt die Dateierweiterung `*.drwdot`, die Vorlage für das Blattformat die Dateierweiterung `*.slddrt`. SOLIDWORKS wird mit einer Standard-Zeichnungs-Vorlage und verschiedenen Blattformaten (englische und metrische) installiert. Öffnen Sie eine neue Zeichnung über die Zeichnungs-Vorlage, ist das Format der Zeichnung (A4, A3 etc.) allerdings noch nicht exakt definiert. SOLIDWORKS verlangt in einem Dialogfeld von Ihnen, ein Blattformat und damit das Format auszuwählen.

Neben der Größe des Zeichenblattes wird mit der Auswahl des Blattformates auch der Zeichnungsrand, der Titelblock der Zeichnung, der Standardblattmaßstab, die benutzerdefinierten Eigenschaften, der Projektionstyp (erster oder dritter Winkel) und der nächste Buchstabe, der für Bezugsetiketten in den Ansichten verwendet wird, festgelegt. Die Zeichnungs-Vorlage enthält das Blattformat, das Blatt, die Dokumenteneigenschaften und die vordefinierten Ansichten. (Bild 2.2.1)

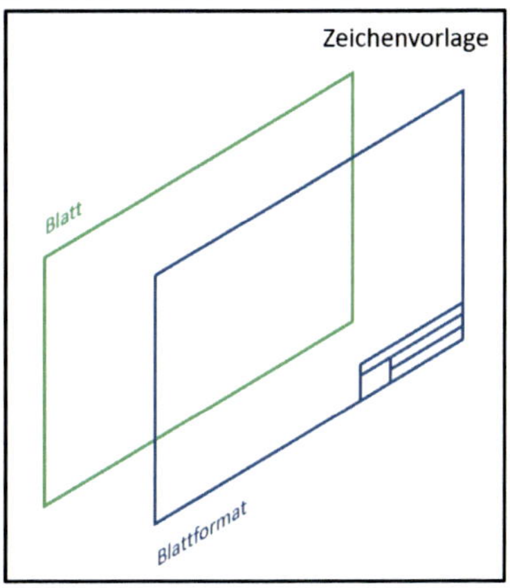

Bild 2.2.1

Video 2.3 zeigt den Unterschied zwischen einem Zeichnungsdokument und einem Blattformat.

2.3 Erstellung von Zeichnungs-Vorlagen

Das Erstellen einer Zeichnungs-Vorlage ist aufwendiger als das Erstellen einer Teil-Vorlage. Sie können einerseits Zeichnungs-Vorlagen mit definierten Blattformaten anfertigen und speichern, oder Sie erzeugen eine Zeichnungs-Vorlage mit der Abfrage nach den verschiedenen Blattformaten. Beide Möglichkeiten werden in diesem Crashkurs behandelt.

2.3.1 Erstellung einer Zeichnungs-Vorlage mit definiertem Blattformat

Neue Zeichnung öffnen

Klicken Sie nach dem Starten von SOLIDWORKS auf **Neu** . Erstellen Sie eine neue **Zeichnung**, indem Sie unter der Registerkarte Dokumentenvorlagen Ck2 die Vorlage `Ck2 Zeichnung Christiani` auswählen und auf **OK** klicken.

Festes Blattformat zuweisen

Das Dialogfenster **Blattformat/-größe** wird eingeblendet. Erstellen Sie eine Zeichnung mit einem Blatt der Größe `A4 (ISO)`. Wählen Sie dazu das Optionsfeld **Standardblattgröße** und deaktivieren Sie die Checkbox **Nur Standardformate anzeigen**, um das Blatt A4 (ISO) Hochformat auszuwählen. Aktivieren Sie die Checkbox **Blattformat anzeigen**. Beachten Sie das Vorschaufenster und schließen Sie anschließend das Dialogfeld durch klicken auf **OK**. (Bild 2.3.1)

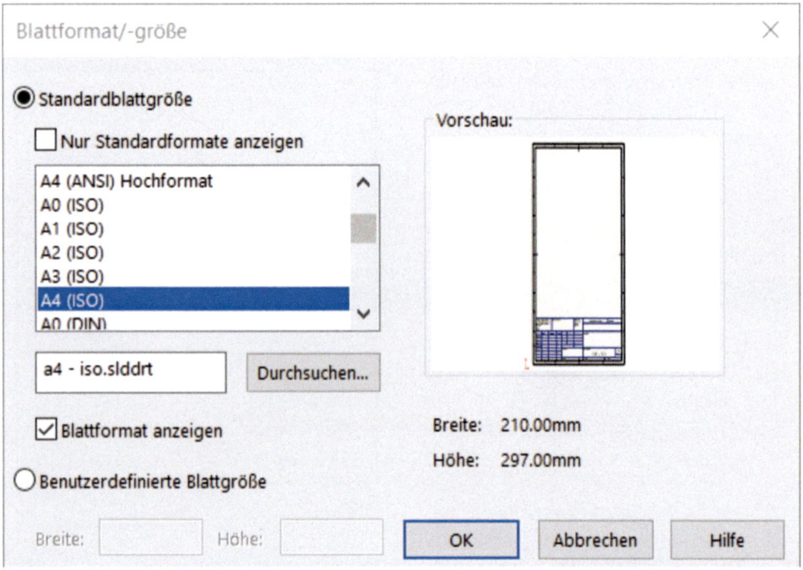

Bild 2.3.1

> Mit dem Klicken auf **OK** wird die gewählte Blattgröße mit dem Blattformat der Zeichnung-Vorlage fest verknüpft.

▶ Einstellungen überprüfen

Schließen Sie den PropertyManager **Modellansicht** durch Klicken auf **Abbrechen** ✕ .

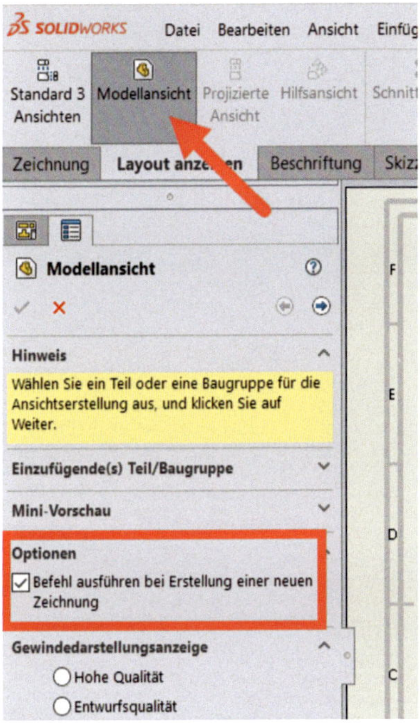

Bild 2.3.2

> Erscheint bei Ihnen nicht der PropertyManager **Modellansicht**, wählen Sie auf der Registerkarte **Layout anzeigen** das Werkzeug **Modellansicht**. Aktivieren Sie unter Optionen die Checkbox **Befehl ausführen bei Erstellung einer neuen Zeichnung**. (Bild 2.3.2)

Wählen Sie in der Menüzeile **Optionen** ⚙, um die Dokumenteneigenschaften zu modifizieren bzw. einzustellen. (Bild 2.3.3 bis 2.3.11)

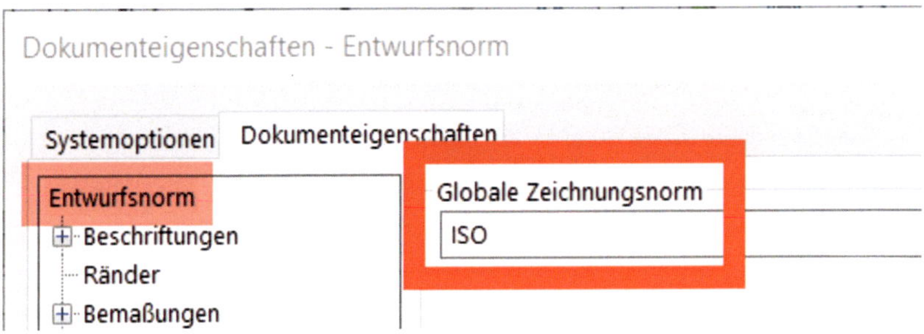

Bild 2.3.3

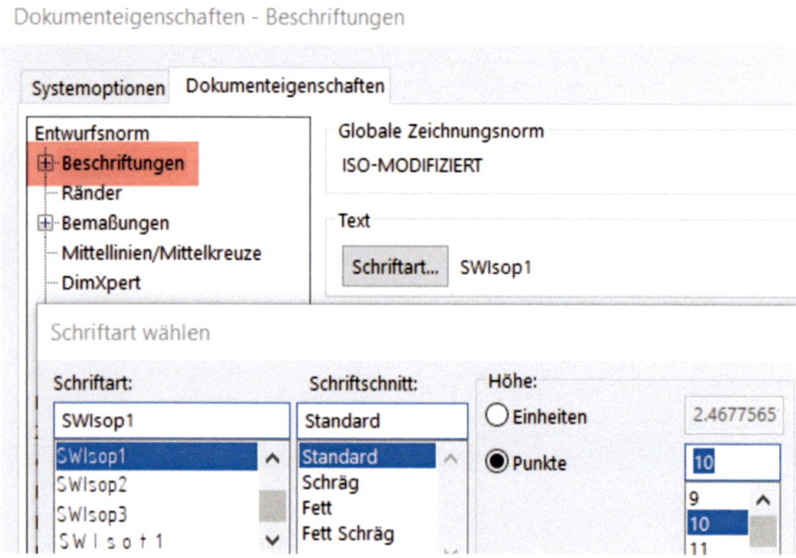

Bild 2.3.4

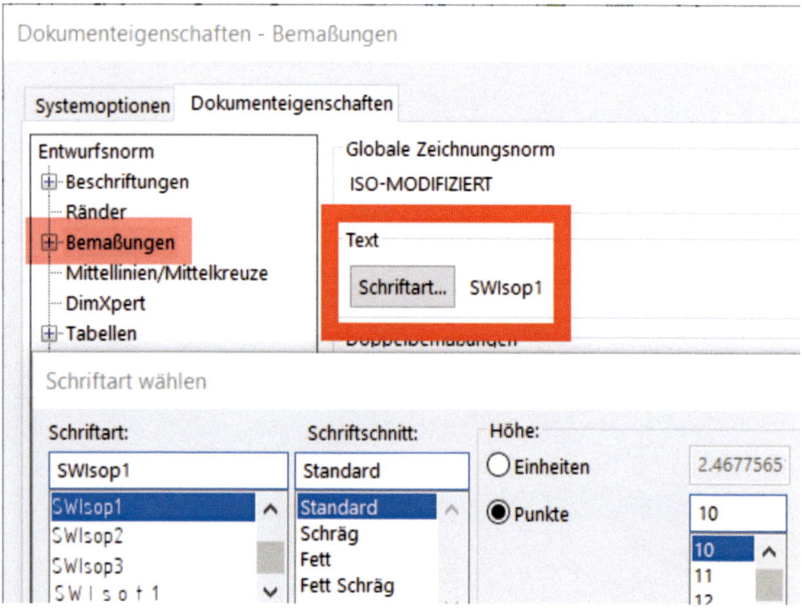

Bild 2.3.5

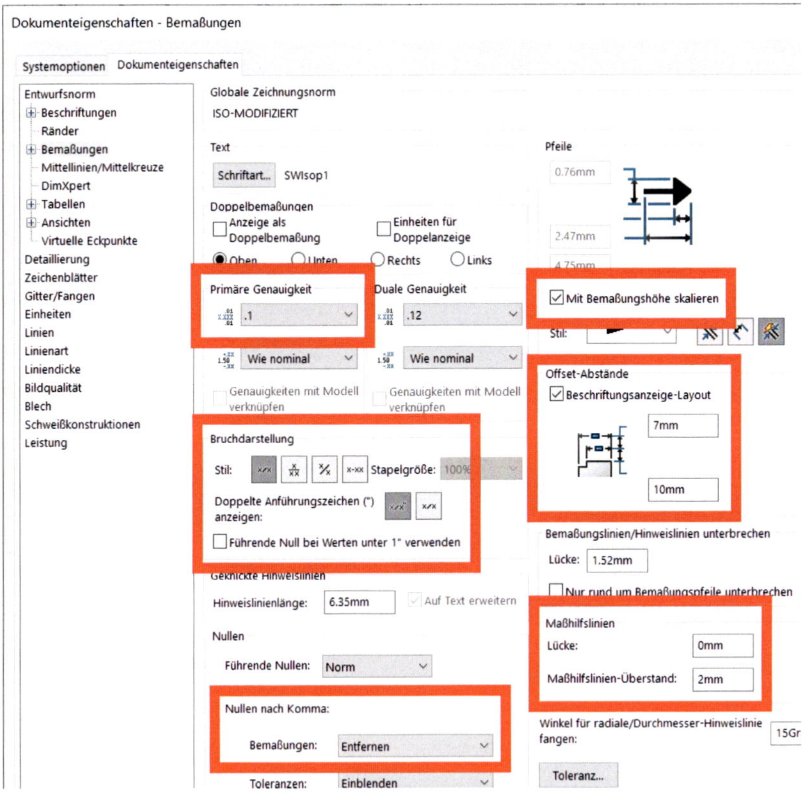

Bild 2.3.6

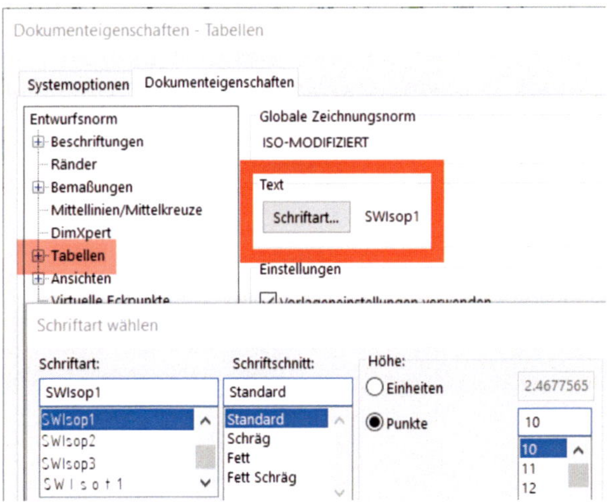

Bild 2.3.7

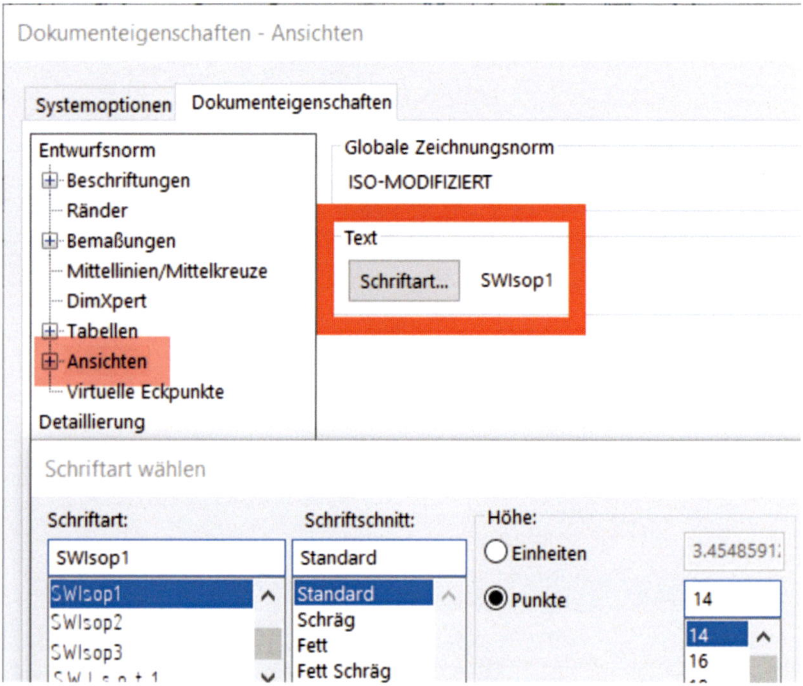

Bild 2.3.8

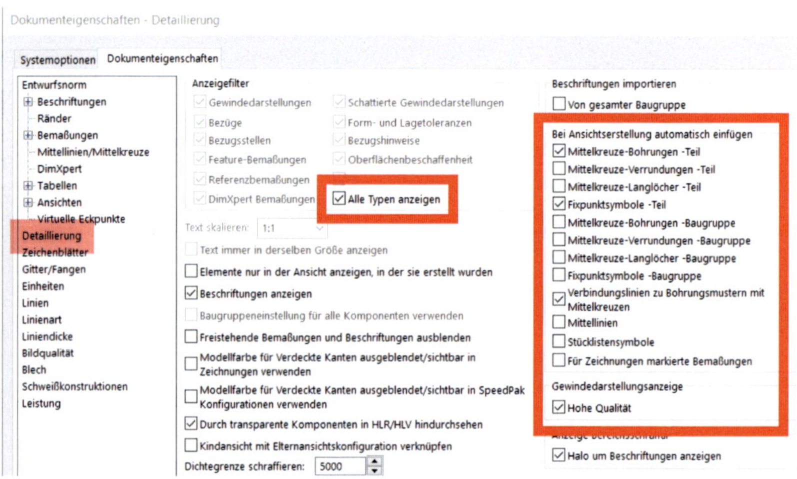

Bild 2.3.9

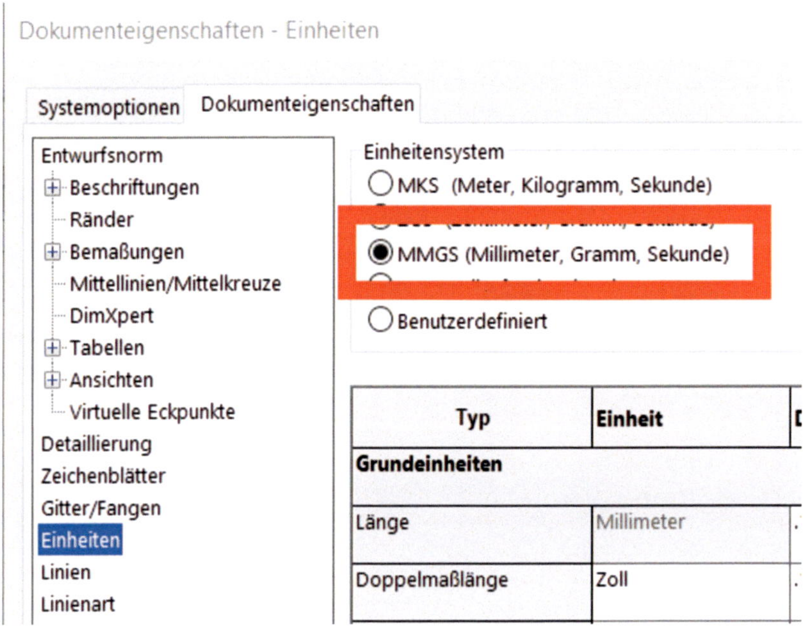

Bild 2.3.10

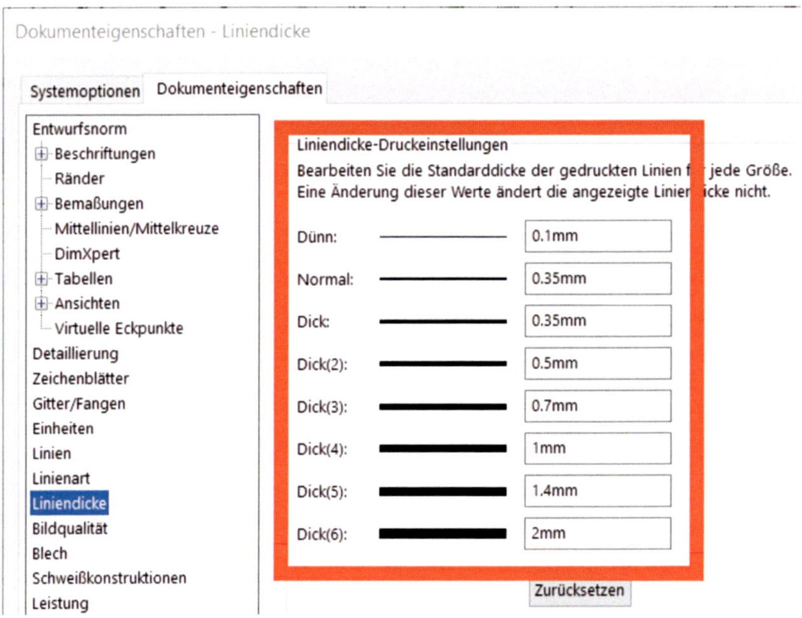

Bild 2.3.11

Blatteigenschaften

Über das Dialogfeld **Blatteigenschaften** lassen sich Blattname, Blattmaßstab und der Projektionstyp des aktuellen Zeichenblattes verändern.

Zugriff:

- Wählen Sie **Bearbeiten, Eigenschaften**.
- Klicken Sie mit der rechten Maustaste auf das Zeichenblatt und wählen Sie im Kontextmenü **Eigenschaften**.

Blatteigenschaften einstellen

Klicken Sie mit der rechten Maustaste auf das Zeichenblatt und wählen Sie aus dem Kontextmenü **Eigenschaften** aus. Legen Sie die Blatteigenschaften gemäß der Abbildung fest. (Bild 2.3.12)

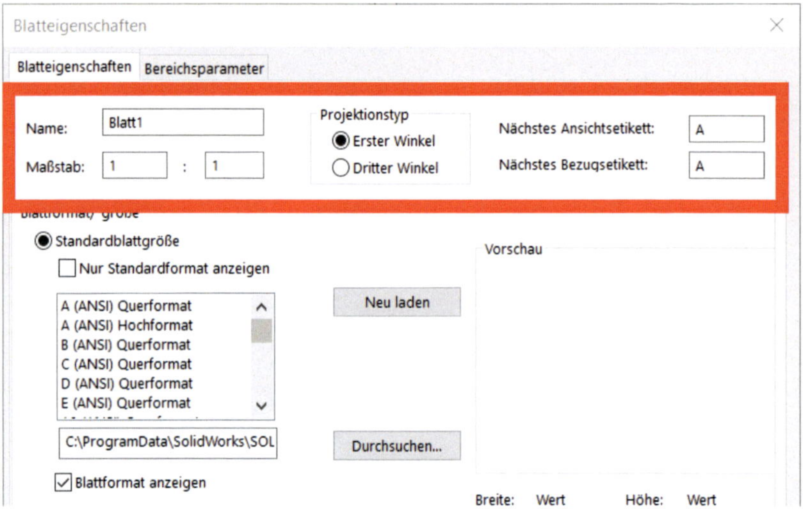

Bild 2.3.12

Speichern der neuen Dokumentenvorlage

Klicken Sie auf **Datei, Speichern unter...**. Wählen Sie im Dialogfenster als Dateityp Zeichnungsvorlagen (*.drwdot) aus. SOLIDWORKS springt in den benutzerdefinierten Ordner für die Dokumentenvorlagen. Wechseln Sie in den von Ihnen gewählten Standardordner für Dokumentenvorlagen und vergeben Sie der Zeichnungs-Vorlage den Dateinamen `Ck2 Zeichnung Christiani A4(ISO)`. Klicken Sie auf **Speichern** und schließen Sie SOLIDWORKS.

Öffnen der neuen Dokumentenvorlage

Starten Sie SOLIDWORKS und klicken Sie auf **Datei, Neu...**. Wechseln Sie auf die Registerkarte Dokumentenvorlagen Ck2 und wählen Sie die eben erstellte Dokumentenvorlage `Ck2 Zeichnung Christiani A4 (ISO)` aus.

Im Vorschaufenster des Dialogfensters erkennen Sie, dass mit der Zeichnungs-Vorlage verknüpfte Blatt bzw. Blattformat. Durch Klicken auf **OK** gelangen Sie direkt zum PropertyManager **Modellansicht**. Das Dialogfenster **Blattformat/-größe** wird übersprungen. Überprüfen Sie, ob die Änderungen der Schritte 3 bis 4 übernommen worden sind.

▶ **Nachbetrachtungen**

Video 2.4 zeigt das Anlegen einer Zeichnungs-Vorlagendatei mit definiertem Blattformat.

2.3.2 Erstellung einer Zeichnungs-Vorlage ohne definiertem Blattformat

▶ **Neue Zeichnung öffnen**

Klicken Sie auf **Neu**. Erstellen Sie eine neue **Zeichnung**, indem Sie unter der Registerkarte Dokumentenvorlagen Ck2 die Vorlage `Ck2 Zeichnung Christiani` auswählen und auf **OK** klicken.

▶ **Kein festes Blattformat zuweisen**

Das Dialogfenster **Blattformat/-größe** wird eingeblendet. **Deaktivieren** Sie die Checkbox **Blattformat anzeigen** und schließen Sie anschließend das Dialogfeld durch klicken auf OK. (Bild 2.3.13)

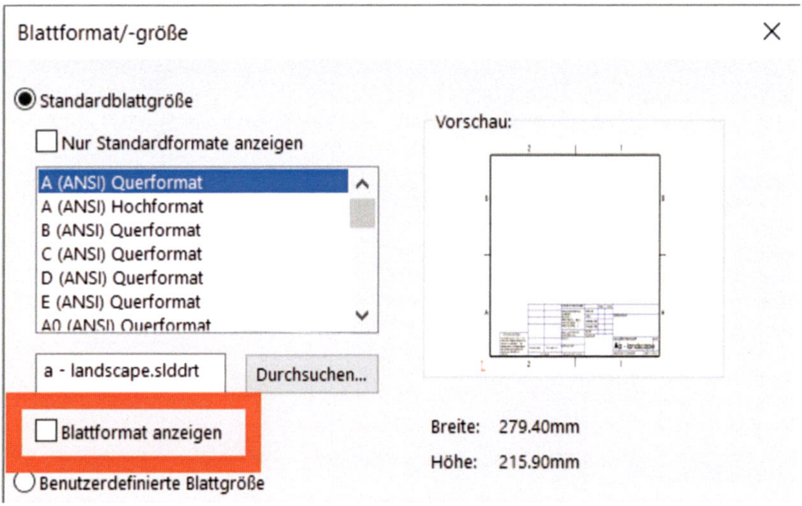

Bild 2.3.13

> Mit dem Deaktivieren der Checkbox **Blattformat anzeigen** wird der Zeichnungs-Vorlage kein Blatt bzw. Blattformat zugewiesen. Dadurch wird jedoch das Dialogfenster **Blattformat/-größe** beim Öffnen der unter 2.3.2 erstellten Zeichnungs-Vorlage wieder eingeblendet.

Einstellungen überprüfen

Schließen Sie den PropertyManager **Modellansicht** durch Klicken auf **Abbrechen** ✕. Wählen Sie in der Menüzeile **Optionen**, um die Dokumenteneigenschaften gemäß den Abbildungen aus Kapitel 2.3.1 Schritt 3 und 4 zu modifizieren bzw. einzustellen.

Speichern der neuen Dokumentenvorlage

Klicken Sie auf **Datei, Speichern unter....** Wählen Sie im Dialogfenster als Dateityp Zeichnungsvorlagen (*.drwdot) aus. SOLIDWORKS springt in den benutzerdefinierten Ordner für die Dokumentenvorlagen. Wechseln Sie in den von Ihnen gewählten Standardordner für Dokumentenvorlagen und vergeben Sie der Zeichnungs-Vorlage den Dateinamen `Ck2 Zeichnung Christiani(mm)`. Klicken Sie auf **Speichern** und schließen Sie SOLIDWORKS.

Öffnen der neuen Dokumentenvorlage

Starten Sie SOLIDWORKS und klicken Sie auf **Datei, Neu**. Wechseln Sie in den Ordner Dokumentenvorlagen Ck2 und wählen Sie die eben erstellte Dokumentenvorlage `Ck2 Zeichnung Christiani(mm)` aus. Das Vorschaufenster des Dialogfensters zeigt keine Vorschau. Durch Klicken auf **OK** gelangen Sie nun wieder zum Dialogfenster **Blattformat/-größe**, um die Blattgröße und Blattformat auszuwählen. Wählen Sie das Blatt mit der `Größe A4(ISO)` aus und klicken Sie auf **OK**. Beenden Sie den PropertyManager **Modellansicht** und überprüfen Sie, ob die Änderungen des Schritts 3 übernommen worden sind.

Nachbetrachtungen

Video 2.5 zeigt das Anlegen einer Zeichnungs-Vorlagendatei ohne definiertes Blattformat.

2.4 Erstellung eines Blattformats mit Schriftfeld nach DIN EN ISO 7200

Sie werden in diesem Kapitel ein komplett neues A4 Schriftfeld nach DIN EN ISO 7200 mit Rahmen und Bezugshinweisen (ohne bzw. mit benutzerdefinierten Eigenschaften) erstellen. (Bild 2.4.1)

Bild 2.4.1

Blenden Sie über **Ansicht**, **Symbolleisten** die Symbolleisten **Ausrichten** bzw. **Linienformat** ein (Bild 2.4.2), und positionieren Sie diese beispielsweise überhalb der Taskleiste. (Bild 2.4.3)

Die Symbolleisten werden für die Erstellung der Vorlagendateien benötigt.

Auf einen schriftlichen Hinweis der Verwendung der Symbolleiste **Ansicht (Head-Up)**  wird in diesem Kapitel größtenteils verzichtet.

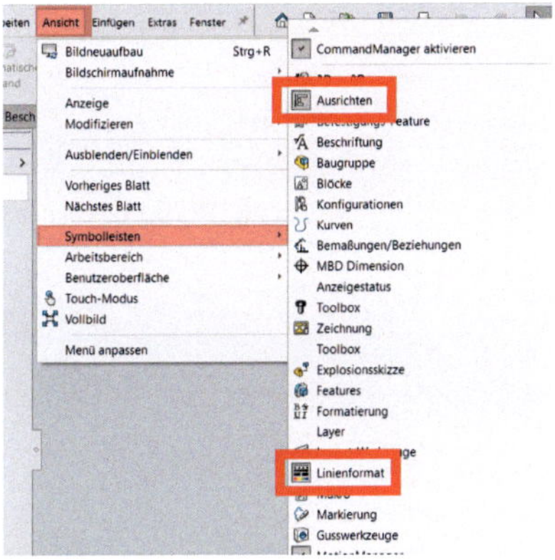

Bild 2.4.2

Das Hinein- und Hinauszoomen aus der Zeichnung wird in der Regel mit dem Werkzeug **In Fenster zoomen (F)** , bei dem die Zeichnung auf Fenstergröße angepasst wird, und der mittleren Maustaste (Mausrad) realisiert.

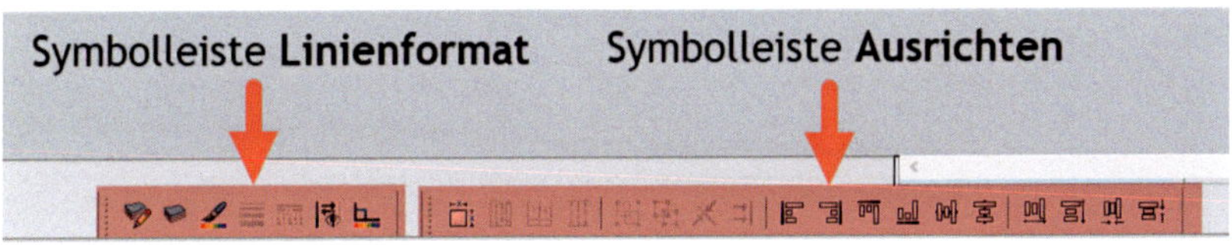

Bild 2.4.3

2.4.1 Aufbau des A4-Schriftfeldes DIN EN ISO 7200

Wie Sie bereits in Kapitel 2.3 feststellen konnten, entsprechen die von SOLIDWORKS bereitgestellten Schriftfelder der Blattformate nicht der in Deutschland anzuwendenden Norm. Im Dialogfenster **Blattformat/-größe** sehen Sie unter dem Optionsfeld **Standardblattgröße** die verschiedenen Blattformate und Schriftfelder.

Die Formate **A** bis **E** stellen die amerikanischen Blattformate dar, die sich in den Abmessungen von den europäischen Blattformaten unterscheiden. (Bild 2.4.4)

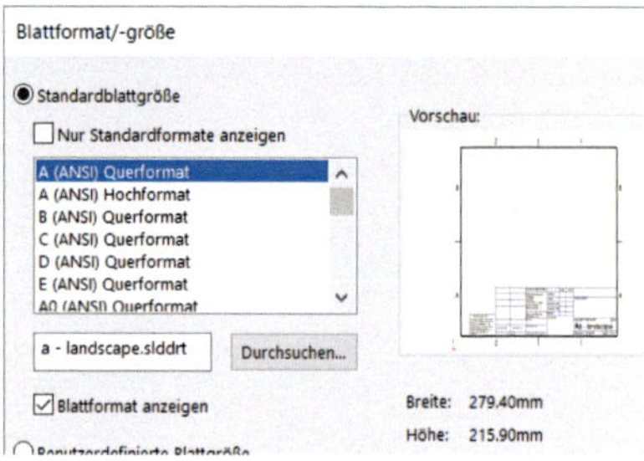

Bild 2.4.4

Die Abmessungen der Blattgröße für technische Dokumente im Großteil von Europa ist nach der DIN EN ISO 5457 (Ausgabedatum 2017-11) genormt. Das dargestellte Tabellenbild zeigt die Zeichnungsformate der ISO-A-Reihe nach DIN EN ISO 5457 in mm. (Bild 2.4.5)

Blattgrößen Reihe A	Beschnittene Zeichnung (Fertigblatt)	Zeichenfläche (±0,5)
A0	841 x 1189	821 x 1159
A1	594 x 841	574 x 811
A2	420 x 594	400 x 564
A3	297 x 420	277 x 390
A4	210 x 297	180 x 277

Bild 2.4.5

Auch das von SOLIDWORKS bereitgestellte Schriftfeld des Blattformats `A4 (ISO)` entspricht nicht der in Deutschland anzuwendenden Norm. (Bild 2.4.6)

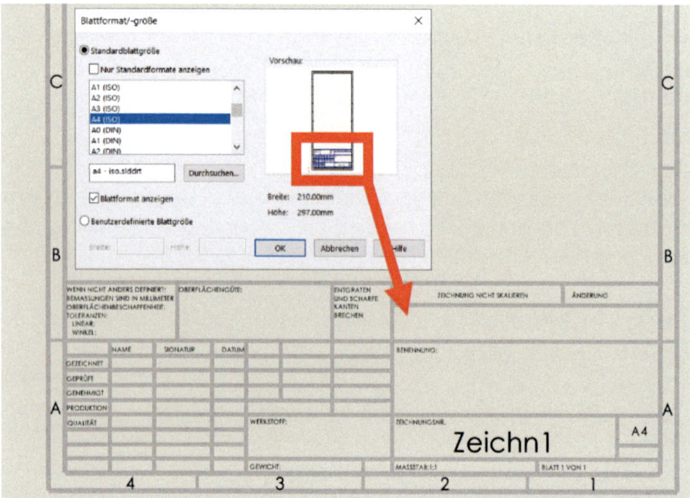

Bild 2.4.6

Die Norm EN ISO 7200 (Ausgabedatum 2004-05) regelt hierzulande die Gestaltung der Schriftfelder auf Technischen Zeichnungen. Die Schriftfelder sind im Gegensatz zur zurückgezogenen Norm DIN 6771-1 wesentlich besser auf firmen- oder schulspezifische Bedürfnisse anzupassen, weil ein Großteil der Anweisungen weggefallen bzw. in Empfehlungen umgewandelt worden sind. Die wichtigsten Merkmale des Schriftfeldes nach EN ISO 7200 sind:

- Breite des Schriftfeldes: 180mm
- Höhe des Schriftfeldes: beliebig
- 8 Pflichtfelder:
  a) Gesetzlicher Eigentümer
  b) Sachnummer, ehemals Zeichnungsnummer
  c) Ausgabedatum
  d) Abschnitts-/Blattnummer
  e) Titel
  f) Genehmigende Person/Gruppe
  g) Ersteller
  h) Dokumentenart
- weitere Felder optional
- Aufteilung der Zellen (Breite, Höhe) beliebig, nur empfohlene Anzahl von Zeichen

Der Abstand der Zeichenfläche zum Blattrand beträgt, bis auf den linken Rand (hier sind es 20mm), jeweils 10mm. (Bild 2.4.7)

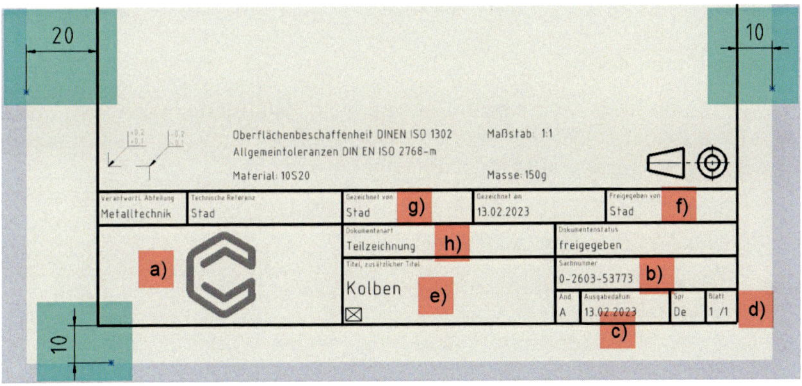

Bild 2.4.7

2.4.2 Erstellung des Rahmens und der A4-Schriftfeldlinien

▶ Vorlagenordner für Blattformate überprüfen

In Kapitel 1 haben Sie unter **Wichtige vorbereitende Maßnahmen!** einen Vorlagenordner für Blattformate erstellt und dessen Ordnerpfad SOLIDWORKS bekanntgemacht. In diesem Crashkurs wurde der Pfad `X:\Crashkurs 2 Vorlagen\Blattformte Ck2` festgelegt.

Klicken Sie unter **Extras, Optionen...** in der Registerkarte **Systemoptionen** unter **Dateipositionen** auf **Ordner anzeigen für** und wählen Sie **Blattformate** aus. Stellen Sie ggf. Ihren gewählten Ordner an die oberste Position. Der zweite, von SOLIDWORKS bereitgestellte Ordner, verbleibt vorerst als Dateiposition für Blattformate. (Bild 2.4.8)

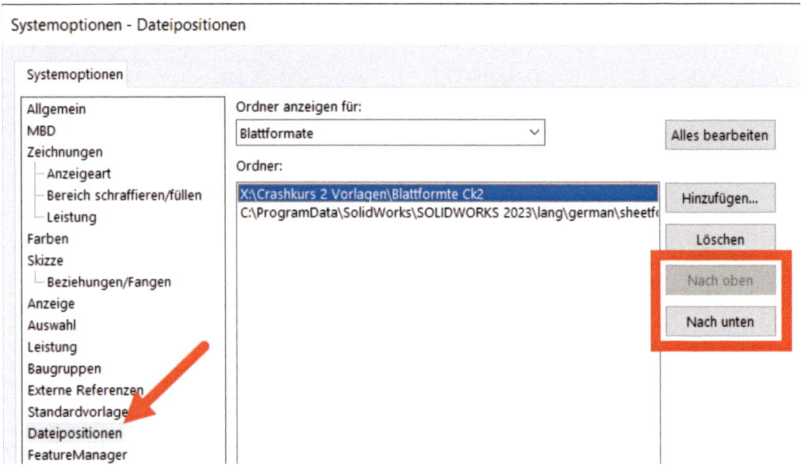

Bild 2.4.8

Neue Zeichnung öffnen

Klicken Sie auf **Neu** . Erstellen Sie eine neue **Zeichnung**, indem Sie unter der Registerkarte Dokumentenvorlagen Ck2 die Vorlage `Ck2 Zeichnung Christiani (mm)` auswählen und auf **OK** klicken.

Blattgröße A4 mit Blattformat auswählen

Das Dialogfenster **Blattformat/-größe** wird eingeblendet. Wählen Sie das Optionsfeld **Standardblattgröße** und deaktivieren Sie die Checkbox **Nur Standardformate anzeigen**. Klicken Sie im Auswahlfenster auf ein beliebiges A4 Blatt (z. B. `A4 (ISO)`) und überprüfen Sie **Breite** und **Höhe** des ausgewählten Blattes. Aktivieren Sie die Checkbox **Blattformat anzeigen** und klicken abschließend auf **OK**. (Bild 2.4.9)

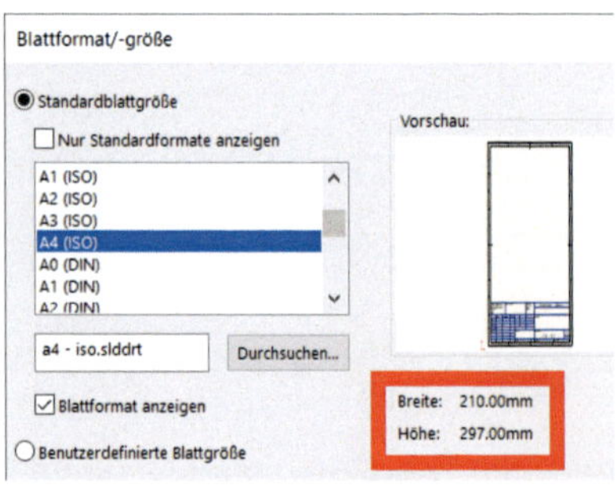

Bild 2.4.9

> Klicken, halten und bewegen Sie einmal die mittlere Maustaste (Mausrad). Sie sehen, dass sich Ihre Zeichnung verschieben lässt. Drehen Sie am Mausrad, können Sie in den Bereich hinein oder hinaus zoomen, in den Ihr Mauszeiger zeigt.

Modus „Blattformat bearbeiten“

Wenn Sie eine Zeichnungsableitung mit Ansichten, Bemaßungen und Bezugshinweisen erstellen und den Cursor über ein solches Objekt bewegen, werden Sie feststellen, dass die überfahrenen Objekte rot hervorgehoben werden bzw. anklickbar sind. Bewegen Sie den Cursor allerdings über das Schriftfeld, werden weder Linien noch Texte rot hervorgehoben, oder können mit einem Mausklick markiert werden. Das Schriftfeld mit Rahmen befindet sich nicht auf der Zeichnung, sondern auf dem Blattformat, welches wie eine Folie über der Zeichnung liegt. Wie in Kapitel 2.2 beschrieben, ist das Blattformat ebenfalls eine Vorlage, die somit separat erstellt und gespeichert werden muss.

Zugriff:

- Wählen Sie **Bearbeiten**, **Blattformat**.
- Wählen Sie die Registerkarte **Blattformat**. Klicken Sie anschließend auf **Blattformat bearbeiten**.
- Klicken Sie mit der rechten Maustaste auf das Zeichenblatt und wählen Sie im Kontextmenü **Blattformat bearbeiten**.
- Klicken Sie mit der rechten Maustaste im FeatureManager auf **Blatt1** und wählen Sie im Kontextmenü **Blattformat bearbeiten**.
- Klicken Sie mit der rechten Maustaste auf die Registerkarte **Blatt1** (unterhalb des FeatureManagers) und wählen Sie im Kontextmenü **Blattformat bearbeiten**.

Wenn das Blattformat „geöffnet“ ist, scheinen alle Ansichten verloren gegangen zu sein. Dies ist natürlich nicht der Fall. Alle zur Zeichnung gehörenden Ansichten werden im Modus „**Blattformat bearbeiten**“ ausgeblendet. Sie als Zeichnungsersteller befinden sich nun auf dem Blattformat, welches jetzt aktiv bearbeitet werden kann. Linien und Texte sind farblich und nicht mehr ausgegraut dargestellt. (Bild 2.4.10)

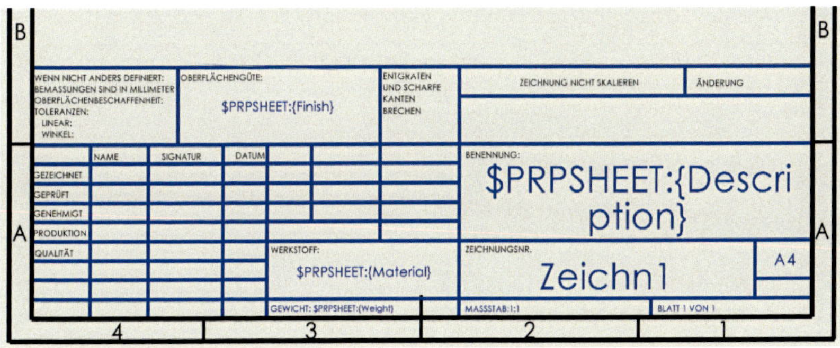

Bild 2.4.10

Wenn Sie den Modus „**Blattformat bearbeiten**" beenden und zur Zeichnung zurückkehren wollen, stehen Ihnen folgende Möglichkeiten zur Verfügung:

- Klicken Sie oben rechts im Grafikbereich auf das Symbol **Blattformat bearbeiten beenden**.
- Deaktivieren Sie auf der Registerkarte Blattformat das Werkzeug **Blattformat bearbeiten**.
- Wählen Sie **Bearbeiten**, **Blatt**.
- Klicken Sie mit der rechten Maustaste auf das Zeichenblatt und wählen Sie im Kontextmenü **Blatt bearbeiten**.
- Klicken Sie mit der rechten Maustaste im FeatureManager auf **Blatt1** und wählen Sie im Kontextmenü **Blatt bearbeiten**.
- Klicken Sie mit der rechten Maustaste auf die Registerkarte **Blatt1** (unterhalb des FeatureManagers) und wählen Sie im Kontextmenü **Blatt bearbeiten**.

Modus „Blattformat bearbeiten" aktivieren ◄

Schließen Sie den PropertyManager **Modellansicht** mit **Abbrechen** ✕. Klicken Sie mit der rechten Maustaste auf das Zeichenblatt und wählen Sie im Kontextmenü **Blattformat bearbeiten**.

Blaue Linien weisen auf den Status **Unterdefiniert**, schwarze Linien auf den Status **Voll definiert** hin, schwarze Texte sind Bezugshinweise mit festen Informationen. Bezugshinweise, die einen blauen Text zeigen, sind mit **Benutzerdefinierten Eigenschaften** aus einem Teil, einer Baugruppe oder einer Zeichnung verknüpft. Diese Einträge werden von SOLIDWORKS vorgenommen.

Bewegen Sie den Cursor über den Bezugshinweis **$PRPSHEET:{Description}**. Am Mauszeiger erscheint der Tooltipp $PRPSHEET:"Description". Der Text **$PRPSHEET** weist auf eine benutzerdefinierte Eigenschaft einer Komponente oder Baugruppe hin. Der Tooltipp **$PRP** des Feedbacks $PRP:"SW-File Name" vom Bezugshinweis **Zeichn7** gibt eine benutzerdefinierte Eigenschaft der Zeichnung an.

Video 2.6 zeigt benutzerdefinierte Bezugshinweise im Schriftfeld.

Löschen aller Objekte des Blattformats ◄

Wenn Sie in SOLIDWORKS einen Rahmen von rechts nach links aufziehen, werden alle vom Rahmen berührten Objekte markiert. Der aufgezogene Rahmen hat eine **grüne** Füllfarbe.

Ziehen Sie den Rahmen von links nach rechts auf, werden alle vom Rahmen umschlossenen Objekte markiert, der aufgezogene Rahmen hat dann eine **blaue** Füllfarbe.

Markieren Sie alle Objekte des Schriftfeldes und löschen diese über den Befehl Löschen aus dem Kontextmenü. (Bild 2.4.11)

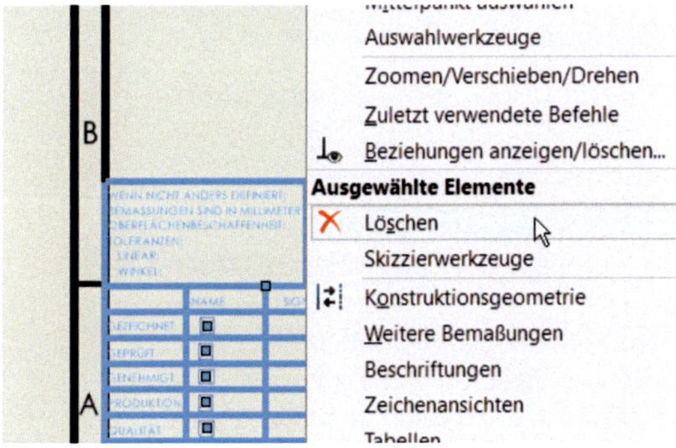

Bild 2.4.11

Den Rahmen des Blattformates löschen Sie über die tiefe Ordnerstruktur des **FeatureManagers**. Wählen Sie dazu aus dem Kontextmenü von **Rahmen1** unter **Blatt1, Blattformat1** Rand löschen. (Bild 2.4.12)

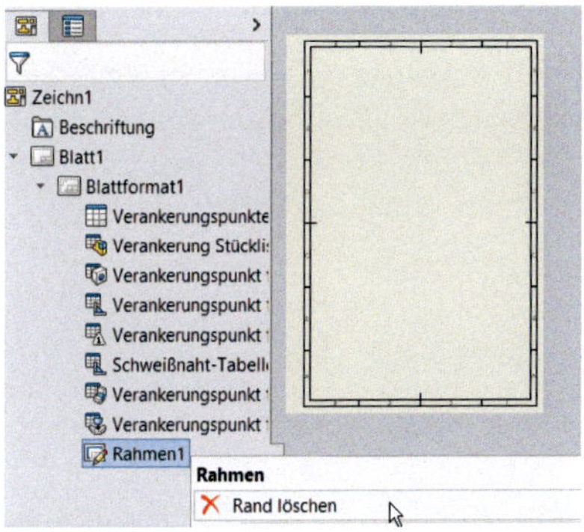

Bild 2.4.12

Farbanzeigemodus

Mit dem **Farbanzeigemodus** auf der Linienformat-Symbolleiste können Sie bei Skizzenlinien zwischen frei wählbaren Linienfarben oder den Systemfarben für den Status (voll definiert, unterdefiniert usw.) hin- und herwechseln. Ist der **Farbanzeigemodus** aktiviert, gelten die Systemfarben für den Status. Bei deaktiviertem **Farbanzeigemodus** können die Farben über das Werkzeug **Linienfarbe** der Linienformat-Symbolleiste frei gewählt werden.

Video 2.7 zeigt die Handhabung des Farbanzeigemodus.

Skizzieren Sie ein Rechteck

Aktivieren Sie den **Farbanzeigemodus** auf der Symbolleiste **Linienformat**.

Zur Erstellung der A4 Zeichenfläche klicken Sie in der Skizze-Symbolleiste auf das Dreieck neben dem Werkzeug **Rechteck** und wählen Sie **Eckenrechteck**. Beginnen Sie im oberen linken Bereich des Blatts und ziehen Sie das Rechteck in den unteren rechten Bereich auf. Wenn Sie das Rechteck aufziehen, werden Ihnen am Mauszeiger die jeweiligen Längen des Rechtecks in x- und y-Richtung angegeben. Die endgültige Größe des Rechtecks wird später über die Bemaßung definiert. (Bild 2.4.13)

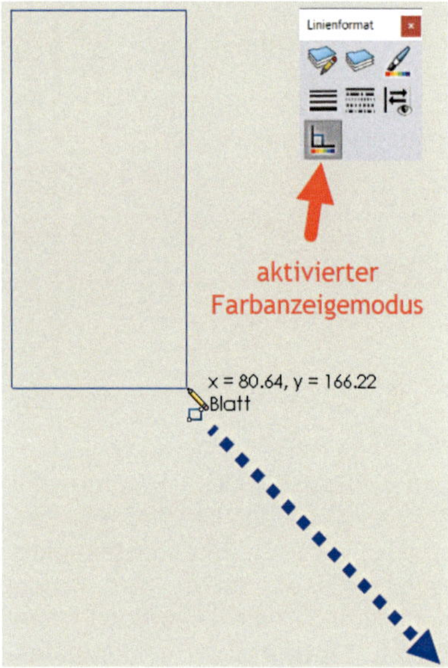

Bild 2.4.13

Linienstärken einstellen

Wählen Sie auf der Symbolleiste **Linienformat** unter **Linienstärke** den dritten Eintrag (**0,35mm**) aus. (Bild 2.4.14)

Beenden Sie den PropertyManager **Eigenschaften** mit **OK** ✓.

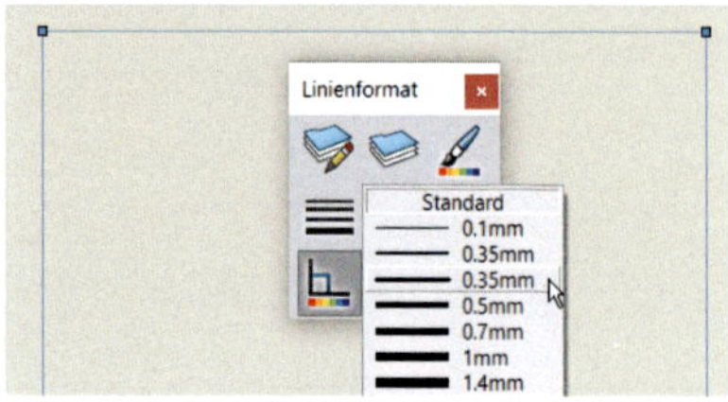

Bild 2.4.14

Fügen Sie lineare Bemaßungen hinzu

Wählen Sie auf der **Skizze**-Symbolleiste das Bemaßungswerkzeug **Intelligente Bemaßung** aus und klicken Sie mit der linken Maustaste auf die obere horizontale Linie des eben erstellten Rechtecks. Positionieren Sie Ihre Bemaßung oberhalb des Zeichenblattes und klicken Sie ein zweites Mal, um den Bemaßungstext zu platzieren. Der Bemaßungswert wird wie in einer Skizze eines Bauteils mit dem Werkzeug **Modifizieren** angezeigt, wobei das Maß markiert ist. (Bild 2.4.15)

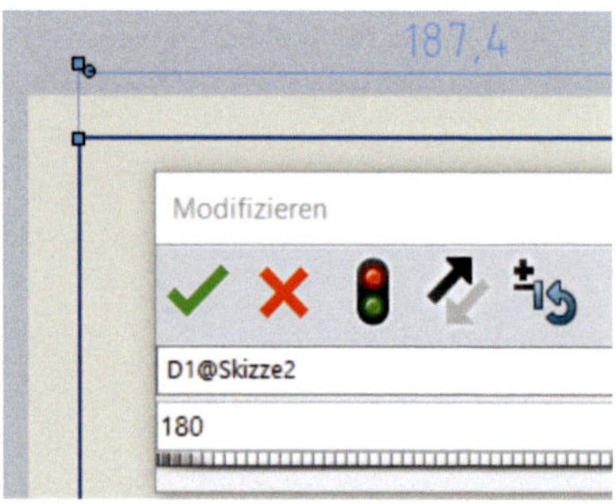

Bild 2.4.15

Sie können den Text einfach überschreiben, ohne vorher die **Entf**-Taste oder die **Rückstelltaste** gedrückt zu haben. Ändern Sie den Wert durch Eingabe in **180** und klicken Sie auf **OK** ✓. (Bild 2.4.16)

Fügen Sie eine weitere lineare Bemaßung hinzu. Bemaßen Sie die **Höhe** des Rechtecks mit **277mm**. (Bild 2.4.17)

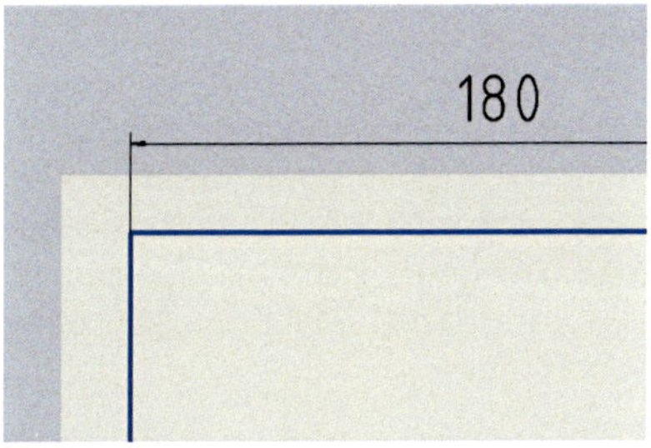

Bild 2.4.16

Drücken Sie die **Esc**-Taste zum Deaktivieren des Werkzeuges **Intelligente Bemaßung**.

▶ Position des Rechtecks 180 × 277 festlegen

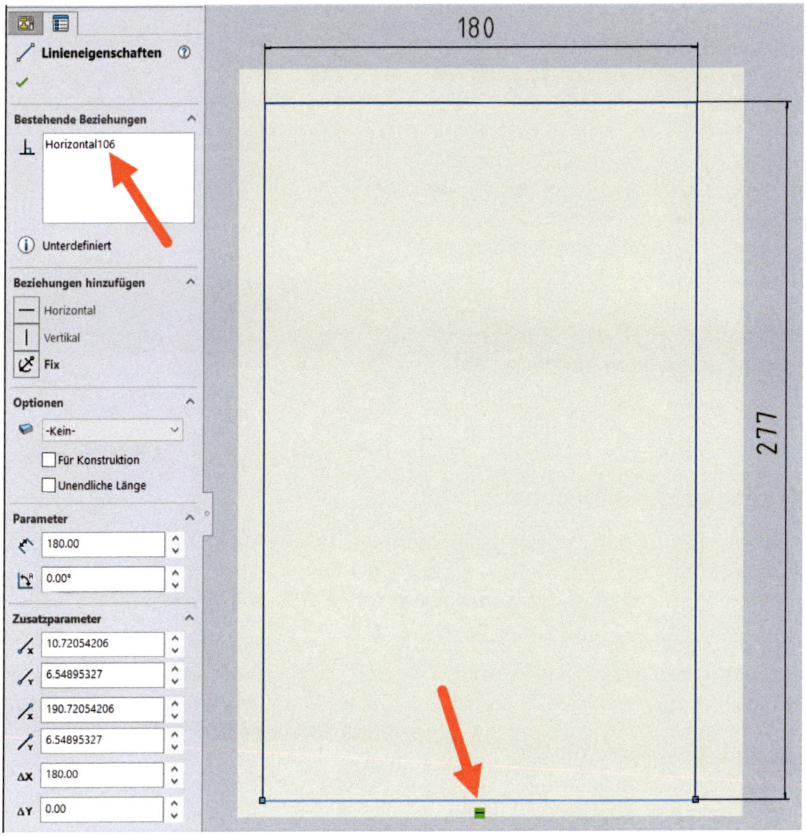

Bild 2.4.17

Nachdem Sie die A4 Zeichenfläche **180 × 277** (Bild 2.4.17) festgelegt haben, muss das Rechteck auf dem Blatt noch positioniert werden. Der Abstand der Zeichenfläche zum linken Blattrand beträgt **20mm**, die Abstände zu den anderen Blatträndern betragen **10mm**.

Wählen Sie die untere horizontale Linie Ihres Rechtecks aus. Der PropertyManager **Linieneigenschaften** wird Ihnen angezeigt. Die ausgewählte Linie besitzt die Beziehung **Horizontal**. (Bild 2.4.17)

Im Feld **Zusatzparameter** der Linieneigenschaften sind der Linienbeginn, das Linienende der **X-** bzw. **Y-**Koordinate sowie der Unterschied zwischen der Anfangs- und End-**X-** bzw. **Y-**Koordinate der Linie angegeben. Modifizieren Sie gemäß des XY-Koordinatensystems (Nullpunkt in der linken unteren Ecke des Blatts) die Zusatzparameter gemäß der Abbildung. (Bild 2.4.18)

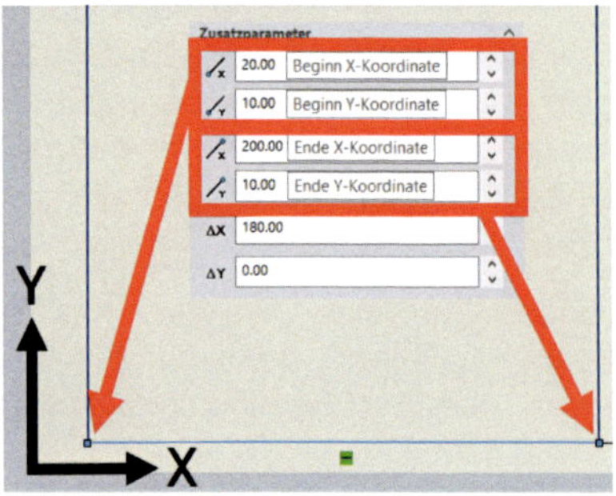

Bild 2.4.18

Überprüfen Sie die **Zusatzparameter** der linken vertikalen Linie. (Bild 2.4.19)

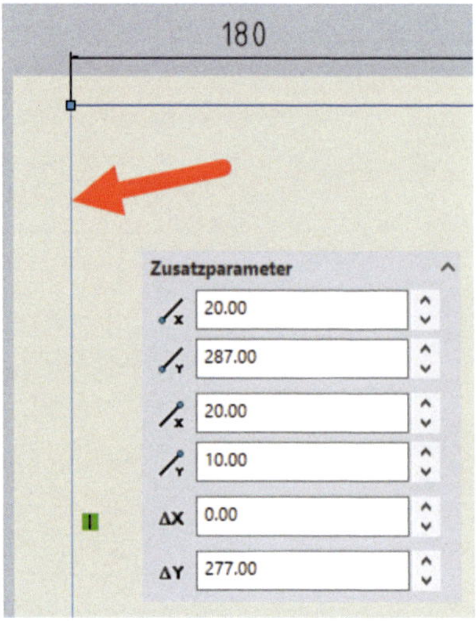

Bild 2.4.19

Fixieren des Rechtecks 180 × 277

Nach der Festlegung der Rechteckparameter weisen die Linien des Rechtecks jedoch immer noch den Status Unterdefiniert auf. Sie sind auf dem Blatt noch verschiebbar. Vergeben Sie dem Rechteck den Status **Voll definiert**.

Klicken Sie dazu in der **Skizze**-Symbolleiste auf das kleine Dreieck ▼ unter **Beziehungen anzeigen/löschen** und anschließend auf **Beziehungen hinzufügen**. Wählen Sie die linke vertikale Linie aus. Die Linie wird Ihnen nun im PropertyManager unter **Ausgewählte Elemente** angezeigt. Fügen Sie eine **Fix** Beziehung hinzu. (Bild 2.4.20)

Klicken Sie nun die obere horizontale Linie an. Sie gelangen in den PropertyManager **Linieneigenschaften**. Fügen Sie unter **Beziehung hinzufügen** auch für die waagerechte Linie die Beziehung **Fix** hinzu. (Bild 2.4.21)

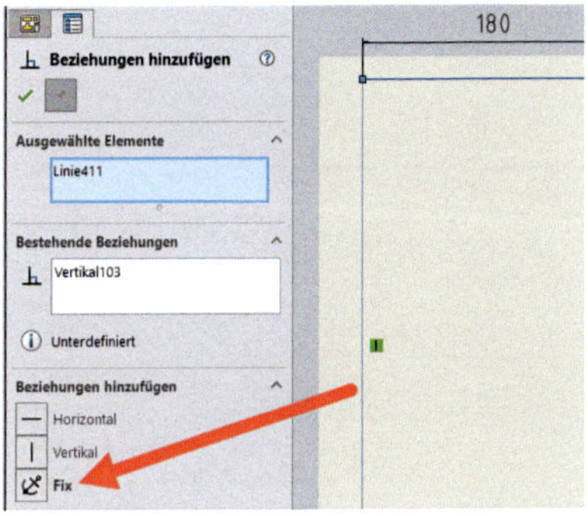

Bild 2.4.20

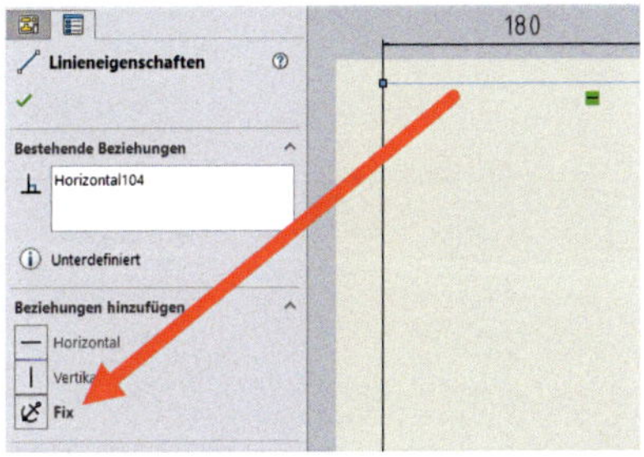

Bild 2.4.21

Alle Linien des Rechtecks haben Ihre Linienfarbe von blau in **schwarz** (Status **Voll definiert**) verändert. (Bild 2.4.22)

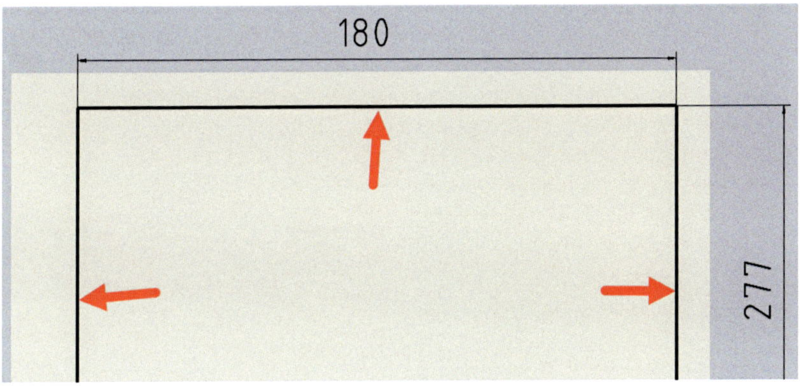

Bild 2.4.22

▶ Ausblenden der Bemaßung

Klicken Sie auf **Ansicht, Ausblenden/Einblenden, Beschriftung**. Alle Beschriftungen werden in **Schwarz** eingeblendet, verdeckte Beschriftungen gegebenenfalls in grau. Das Mausfeedback ändert sich in. Klicken Sie nun nacheinander auf die beiden Bemaßungen **180** und **277**. Die Bemaßungen ändern Ihre Farbe in grau. (Bild 2.4.23)

Bild 2.4.23

Beenden Sie den Modus **Beschriftung** mit der **Esc**-Taste. Das Mausfeedback ändert sich wieder in . Die beiden Bemaßungen sind zwar auf dem Blatt ausgeblendet, jedoch nicht aus der Datenbank des Blatts entfernt.

Wenn Sie den Befehl **Beschriftung** nicht verwenden möchten um eine Bemaßung auszublenden, klicken Sie mit der rechten Maustaste auf die Bemaßung und wählen **Ausblenden** im Kontextmenü aus. (Bild 2.4.24)

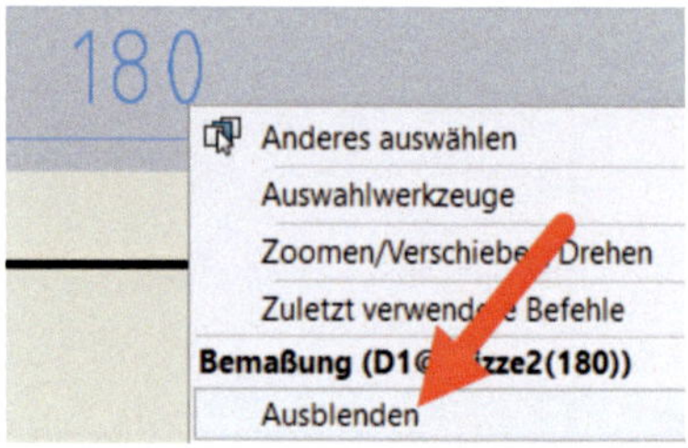

Bild 2.4.24

Falls Sie Ihre Bemaßungen wieder einblenden wollen, klicken Sie erneut auf **Ansicht, Ausblenden/ Einblenden, Beschriftung**. Das Mausfeedback ändert sich in , die ausgeblendeten Bemaßungen werden Ihnen **grau** angezeigt. Wählen Sie diese an und beenden Sie den Modus **Beschriftung**. mit der **Esc**-Taste. Die Bemaßungen werden in **schwarz** angezeigt, das Mausfeedback zeigt wieder .

▶ Skizzieren der Linien des Schriftfeldes

> Beachten Sie beim Skizzieren der Linien die am Mauszeiger angezeigten Beziehungen **Deckungsgleich**, **Horizontal** und **Vertikal**. Fangen Sie keine Mittelpunkte von schon erstellten Linien. Dadurch setzen Sie Zwangsbeziehungen, die die angegebenen Bemaßungen nicht zulassen.
>
> Halten Sie beim Skizzieren einer Linie die linke Maustaste gedrückt, können Sie nach dem Loslassen der linken Maustaste anschließend an einer beliebigen Position eine weitere Linie skizzieren.
>
> Skizzieren Sie durch Klicken und erneutes Klicken eine Linie, so fahren Sie mit der nächsten Linie am Endpunkt der vorangegangenen Linie fort, bis Sie mit der linken Maustaste Doppelklicken oder die **Esc**-Taste drücken.

Klicken Sie in der **Skizze**-Symbolleiste auf das Werkzeug **Linie** und erstellen Sie über mehrere Linienzüge das Schriftfeld. Die richtigen Größen der Zellen bzw. die Abstände der erstellten Linien werden über das Bemaßungswerkzeug in Schritt 14 definiert. (Bild 2.4.25)

Bild 2.4.25

▶ Linienstärken einstellen

Markieren Sie alle erstellten Linien und öffnen Sie die Symbolleiste **Linienformat**. Wählen Sie unter **Linienstärke** den auch schon unter Schritt 7 dieses Kapitels ausgewählten Eintrag (**0,35mm**) aus. Beenden Sie den PropertyManager **Linieneigenschaften** mit **OK** ✓.

▶ Fixieren der Linien des Schriftfeldes

Wählen Sie auf der **Skizze**-Symbolleiste das Bemaßungswerkzeug **Intelligente Bemaßung** aus und bemaßen Sie gemäß Bild 2.4.26 das Schriftfeld. Die Farben der Schriftfeldlinien wechseln nacheinander von blau auf **schwarz** und erreichen somit den Status **Voll definiert**. Positionieren Sie Ihre Bemaßungen außerhalb des erstellten Schriftfeldes und ändern Sie die Abstände über das Werkzeug **Modifizieren**.

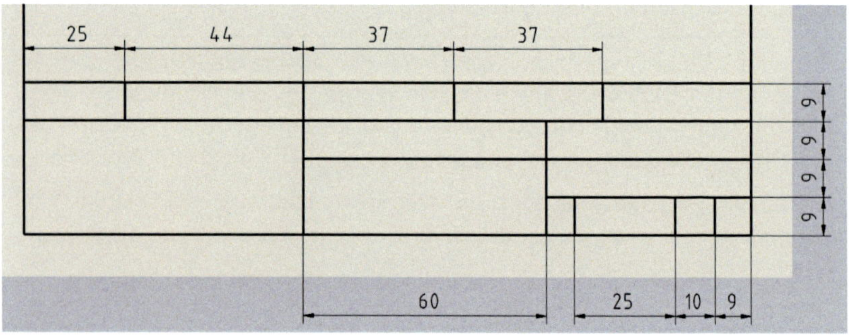

Bild 2.4.26

Ausblenden der Bemaßung

Markieren Sie bei gedrückter **Strg**-Taste alle Bemaßungen. Klicken Sie die rechte Maustaste und anschließend im Kontextmenu auf **Ausblenden**. (Bild 2.4.27)

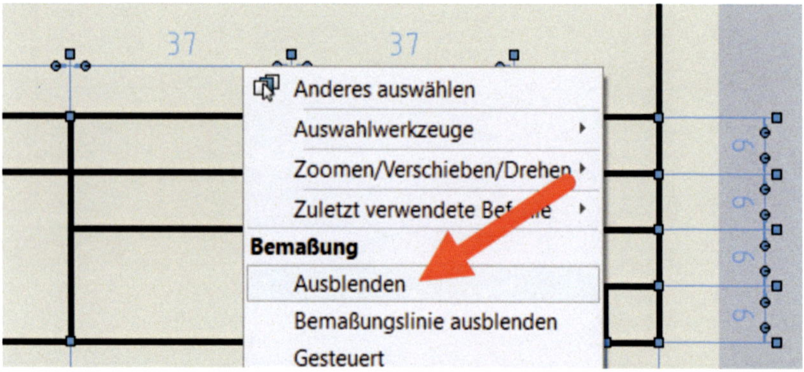

Bild 2.4.27

Nachbetrachtungen

Video 2.8 zeigt Ihnen das Anlegen des Rahmens und des A4 Schriftfeldes nach DIN EN ISO 7200.

2.4.3 Einfügen einer Bilddatei in das Schriftfeld

▶ Öffnen der Bilddatei

Klicken Sie auf **Einfügen, Bild...**. Das Dialogfeld **Öffnen** wird angezeigt. Sie werden nun aufgefordert eine Bilddatei auszuwählen. Im Downloadbereich wird Ihnen im Ordner `Logo` die Datei `Christiani Logo` bereitgestellt. In diesem Crashkurs ist die Datei unter `X:\Crashkurs 2 Vorlagen\Logo Ck2` abgelegt. (Bild 2.4.28)

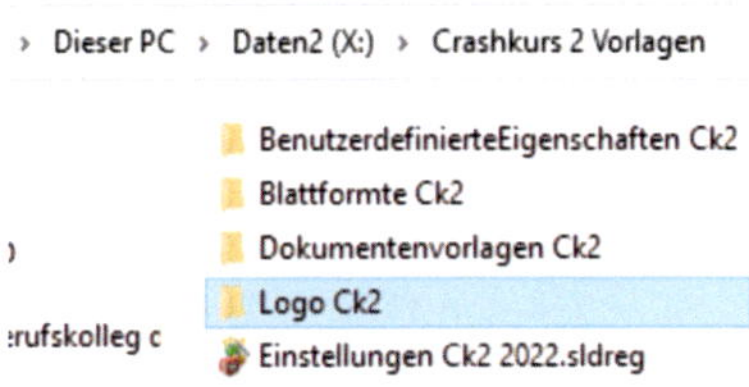

Bild 2.4.28

Wählen Sie in Ihrem Bilddateiordner die Datei `Christiani Logo.jpg` aus und klicken Sie auf **Öffnen**.

▶ Einstellen der Bildparameter

Das Skizzenbild wird Ihnen angezeigt und der PropertyManager **Skizzenbild** öffnet sich. Die **X**- und **Y**-Koordinaten (linke untere Ecke) des Skizzenbildes sitzen auf dem Ursprung (ebenfalls linke untere Ecke) des Blatts.

Deaktivieren Sie die Checkbox **Bildskalierwerkzeug aktivieren**, aktivieren Sie die Checkbox **Seitenverhältnis sperren** und stellen Sie die Transparenz auf **Keine** ein. (Bild 2.4.29)

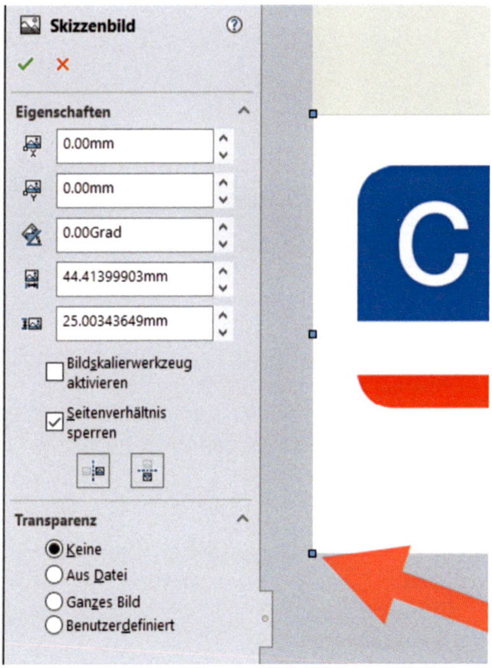

Bild 2.4.29

Verschieben Sie das Skizzenbild mit gedrückter linker Maustaste in die untere linke Zelle des Schriftfeldes. Die Größe des Skizzenbildes ändern Sie über die Eckziehpunkte des Skizzenbildes, ebenfalls mit gedrückter linker Maustaste. (Bild 2.4.30)

Für eine mittige Position in der linken unteren Zelle des Schriftfeldes vergeben Sie dem Skizzenbild über die Eigenschaften **Ursprung X-Position**, **Ursprung Y-Position** und **Höhe** (bei gesperrtem Seitenverhältnis) im PropertyManager **Skizzenbild** die angegebenen Parameter. Schließen Sie den PropertyManager **Skizzenbild** mit **OK** ✓. (Bild 2.4.31)

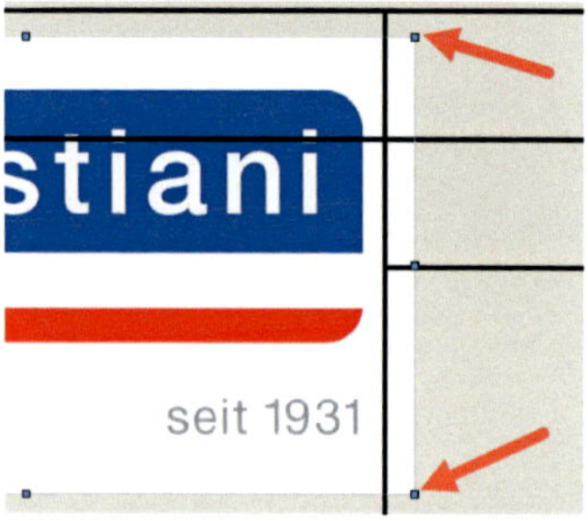

Bild 2.4.30

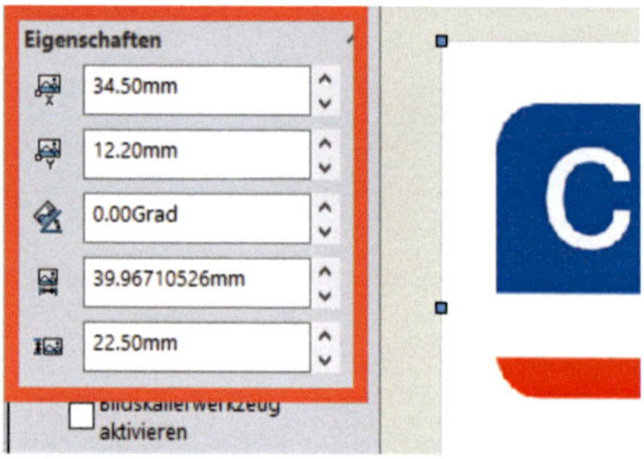

Bild 2.4.31

Nachbetrachtungen

Video 2.8 zeigt Ihnen das Einfügen einer Bilddatei.

2.4.4 Erstellen eines Datenfeldes ohne verknüpfte Eigenschaften

Bezugshinweis

Datenfelder werden in SOLIDWORKS in Form von Bezugshinweisen eingefügt. Verwenden Sie den PropertyManager **Bezugshinweis**, um einen Bezugshinweis einzufügen oder um einen bestehenden Bezugshinwies zu bearbeiten. Texte in **Bezugshinweisen** sind formatierbar, **Bezugshinweise** können mit **X**- bzw. **Y**-Koordinaten auf dem Blatt positioniert werden und sind mit oder ohne Hinweislinien zu versehen.

Zugriff:

- Wählen Sie **Einfügen**, **Beschriftungen**, **Bezugshinweis...**.
- Klicken Sie auf der Beschriftung-Symbolleiste auf **Bezugshinweis**.
- Doppelklicken Sie mit der linken Maustaste auf einen bestehenden **Bezugshinweis**.

▶ Einfügen eines Bezugshinweises

Klicken Sie in Ihrer **Beschriftung**-Symbolleiste auf **Bezugshinweis** A. Der PropertyManager **Bezugshinweis** wird geöffnet. Aktivieren Sie im Feld **Hinweislinie** die Option **Keine Hinweislinie**, öffnen Sie die Parametereinstellung **Parameter** ^ und aktivieren dort die Checkbox **Auf Bildschirm anzeigen**. Sie haben nun die Möglichkeit, die **X**- bzw. **Y**-Koordinaten des Bezugshinweises im Grafikbereich anzuzeigen und einzugeben. Die Position (0, 0) ist die linke untere Ecke des Blatts. (Bild 2.4.32)

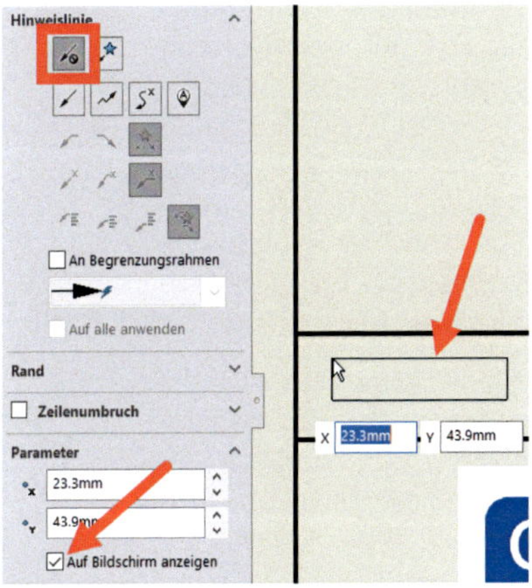

Bild 2.4.32

▶ Platzieren des Bezugshinweises

Für die **X**-Koordinate wählen Sie **21mm** und für die **Y**-Koordinate **45mm**. (Bild 2.4.33)

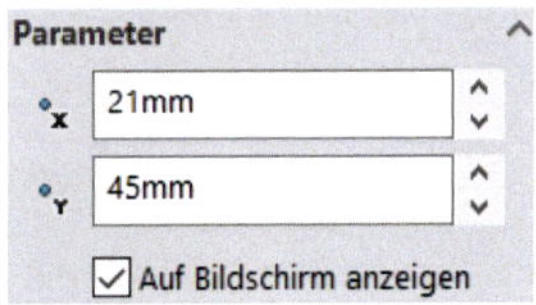

Bild 2.4.33

Geben Sie als Text `Verantwortl. Abteil.` ein und formatieren Sie den Bezugshinweis mit der Schriftart `SWIsop1` und der Schriftgröße **6**. Beenden Sie den PropertyManager mit **OK** ✔. (Bild 2.4.34)

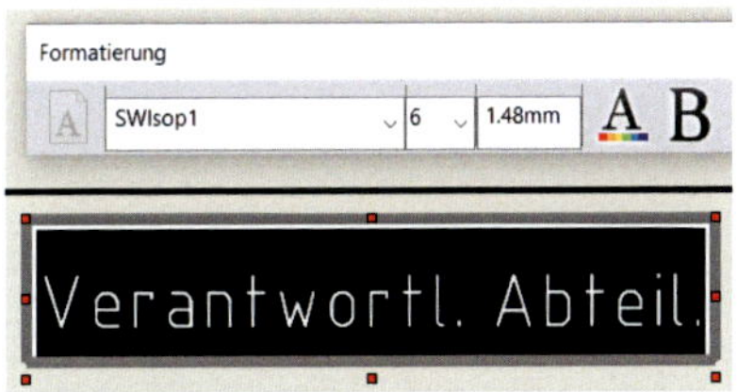

Bild 2.4.34

▶ Einfügen 12 weiterer Bezugshinweise

Klicken Sie in Ihrer Beschriftung-Symbolleiste erneut auf **Bezugshinweis** A und aktivieren Sie im Feld **Hinweislinie** die Option **Keine Hinweislinie**. Bewegen Sie die Maus auf die Zeichnung. Am Mauszeiger werden Ihnen die **X**- und **Y**-Koordinaten des Bezugshinweises angezeigt, wobei die **X-Komponente** markiert ist. (Bild 2.4.35)

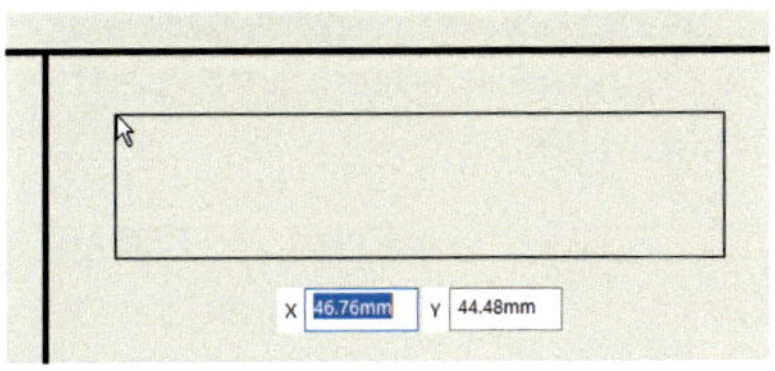

Bild 2.4.35

Überschreiben Sie den angezeigten Wert der **X**-Komponente mit **46mm**. Drücken Sie die **Tabulator**-Taste und wählen nun für den markierten Wert der **Y**-Komponente **45mm**.

Drücken Sie anschließend die **Enter**-Taste und geben als Text für den Bezugshinweises `Technische Referenz` ein. Formatieren Sie den Bezugshinweis mit der Schriftart `SWIsop1` und der Schriftgröße **6**. Beenden Sie den PropertyManager mit **OK** ✓

Wiederholen Sie diesen Vorgang für die verbleibenden 11 Bezugshinweise gemäß den Abbildungen 2.4.36 und 2.4.37.

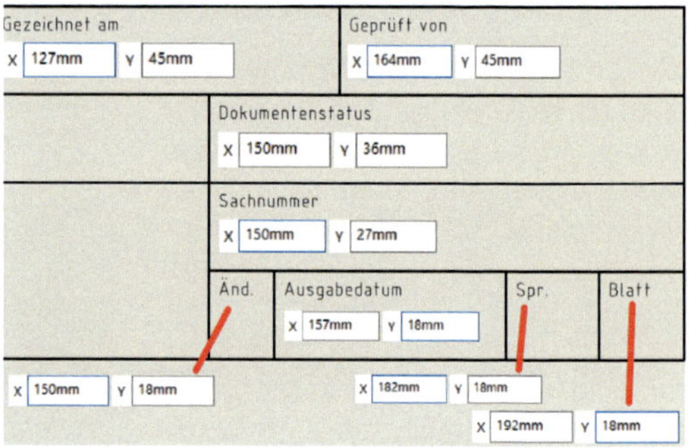

Bild 2.4.37

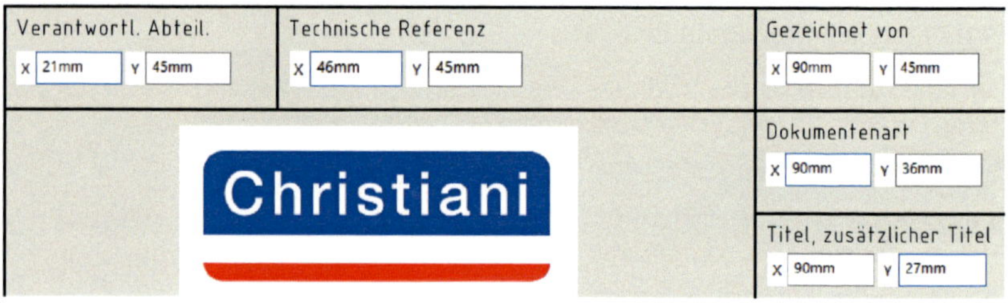

Bild 2.4.36

Einfügen eines weiteren Bezugshinweises

Zu den unter Schritt 1 bis 3 erstellten Überschriften werden nun teilweise weitere Bezugshinweise platziert. Klicken Sie in Ihrer Beschriftung-Symbolleiste auf **Bezugshinweis** A, aktivieren Sie unter **Hinweislinie** die Option **Keine Hinweislinie** und gegebenenfalls im Feld **Parameter** die Checkbox **Auf Bildschirm anzeigen**. Bewegen Sie die Maus auf die Zeichnung. Überschreiben Sie den angezeigten Wert der **X**-Komponente mit **90mm**. Drücken Sie die **Tabulator**-Taste und wählen nun für den markierten Wert der **Y**-Komponente **14,5mm**. (Bild 2.4.38)

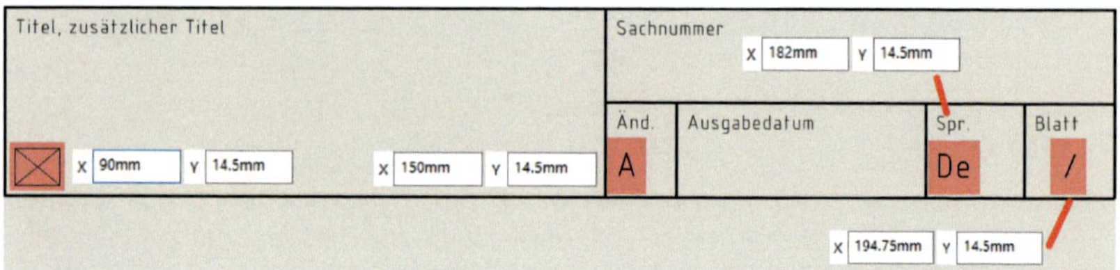

Bild 2.4.38

Formatieren Sie den Bezugshinweis mit der Schriftart `SWIsop1` und der Schriftgröße **10**. Beenden Sie den PropertyManager mit **OK ✓**. (Bild 2.4.39)

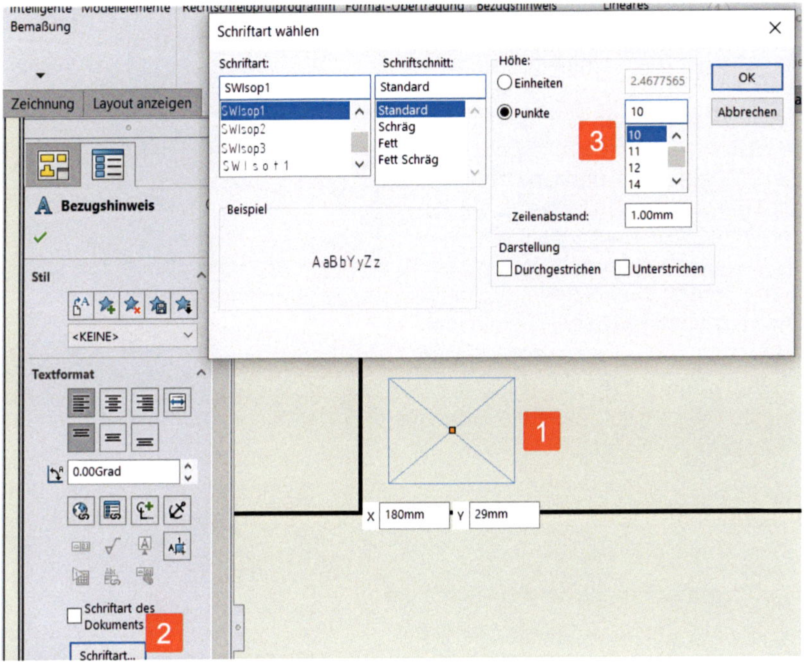

Bild 2.4.39

Ein leerer Bezugshinweis wird durch ein gekreuztes Rechteck ☒ gekennzeichnet. Im späteren Ausdruck wird dieses Rechteck jedoch nicht mit ausgedruckt.

Wiederholen Sie diesen Vorgang für die verbleibenden 3 Bezugshinweise gemäß dem Bild 2.4.38. Beachten Sie dabei die Benennung der Bezugshinweise in den Zellen **Änd., Spr. und Blatt.**

Falls in einer Zeichnung Informationen gegeben werden sollen, die über die in der DIN EN ISO 7200 angegeben Daten hinausgehen, so können diese überhalb des Schriftfeldes platziert werden. Solche Informationen, die nicht unbedingt notwendig sind in einer Zeichnung, könnten **Projektionsart, Maßstab, Material** und **Masse** sein.

Einfügen zusätzlicher Informationen ins Blattformat ◄

Klicken Sie in Ihrer Beschriftung-Symbolleiste auf **Bezugshinweis**, aktivieren Sie unter **Hinweislinie** die Option **Keine Hinweislinie** und gegebenenfalls im Feld **Parameter** die Checkbox **Auf Bildschirm anzeigen**. Bewegen Sie die Maus auf die Zeichnung. Überschreiben Sie den angezeigten Wert der **X**-Komponente mit **58mm**. Drücken Sie die **Tabulator**-Taste und wählen nun für den markierten Wert der **Y**-Komponente **51,5mm**. (Bild 2.4.40)

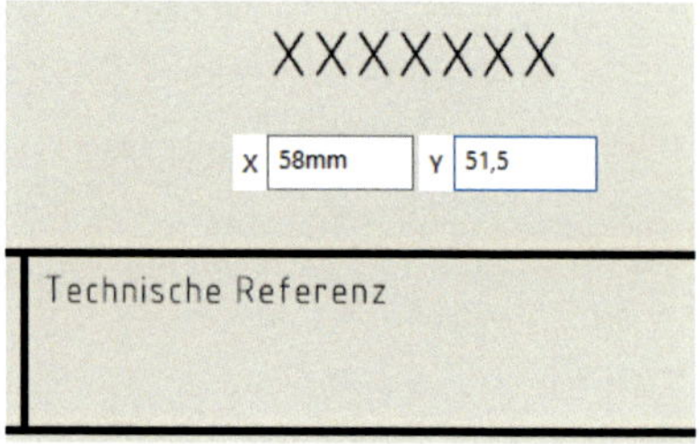

Bild 2.4.40

Drücken Sie anschließend die **Enter**-Taste. Geben Sie als Information den Text Information „`Material: `" ein.

Formatieren Sie den Bezugshinweis mit der Schriftart `SWIsop1` und der Schriftgröße **10**. Beenden Sie den PropertyManager mit **OK** ✓.

Einfügen des Bezugshinweises Masse ◄

Klicken Sie in Ihrer Beschriftung-Symbolleiste erneut auf **Bezugshinweis**. Aktivieren Sie im Feld **Hinweislinie** die Option **Keine Hinweislinie**. Überschreiben Sie den angezeigten Wert der **X**-Komponente mit **130mm**. Drücken Sie die **Tabulator**-Taste und wählen nun für den markierten Wert der **Y**-Komponente **51,5mm**. (Bild 2.4.41)

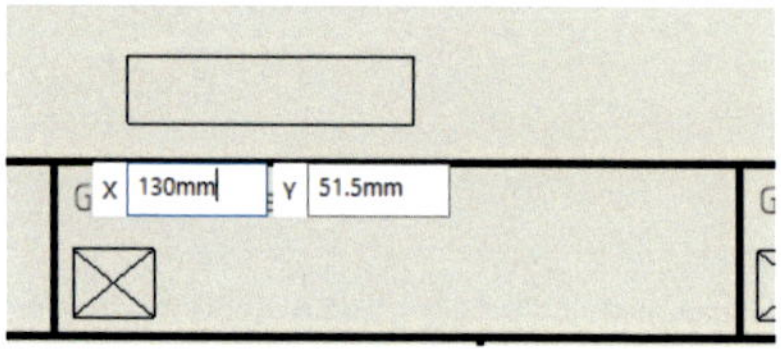

Bild 2.4.41

Drücken Sie anschließend die **Enter**-Taste. Geben Sie als Information den Text Information „`Masse: `" ein.

Formatieren Sie den Bezugshinweis mit der Schriftart `SWIsop1` und der Schriftgröße **10**. Beenden Sie den PropertyManager mit **OK** ✓.

Beenden des Modus „Blattformat bearbeiten" ◄

Sie haben in den letzten Schritten ein erstes vorläufiges neues Blattformat mit einem A4-Schriftfeld nach DIN EN ISO 7200 erstellt. Beenden Sie den Modus **„Blattformat bearbeiten"**. Klicken Sie dazu oben rechts im Grafikbereich auf **Blattformat bearbeiten beenden**. (Bild 2.4.42)

Bild 2.4.42

Sie befinden sich jetzt wieder auf dem Zeichenblatt. Dies erkennen Sie auch daran, dass die Linien des Blattformats **ausgegraut** und somit, wie die Bezugshinweise auch, nicht auswählbar sind. (Bild 2.4.43)

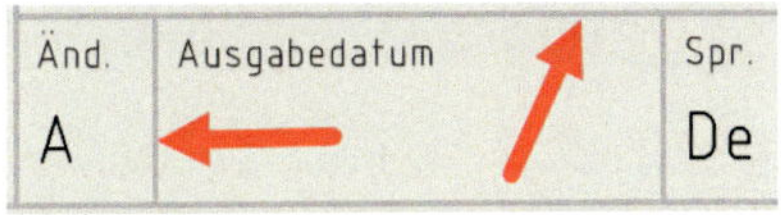

Bild 2.4.43

▶ Speichern des Blattformats

Klicken Sie auf **Datei, Blattformat speichern...**. Das Dialogfenster **Blattformat speichern** öffnet sich und als Dateityp ist `Blattformat (*.slddrt)ausgewählt`. SOLIDWORKS springt in den benutzerdefinierten Ordner für die Blattformate. Beim ersten Mal müssen Sie ggf. in den erstellten Ordner für Blattformate aus Schritt 1 des Kapitels 2.4.2 springen. Vergeben Sie dem Blattformat (A4, Hochformat, ISO 7200, Version 1) den Dateinamen `A4_H_ISO7200_V1.slddrt`. Klicken Sie auf **Speichern** und schließen Sie SOLIDWORKS ohne die Zeichnung zu speichern. (Bild 2.4.44)

> Sie können das Blattformat auch im Modus „**Blattformat bearbeiten**“ abspeichern. Sie müssen vorher nicht zwingend den Modus „**Blattformat bearbeiten**“ beenden.

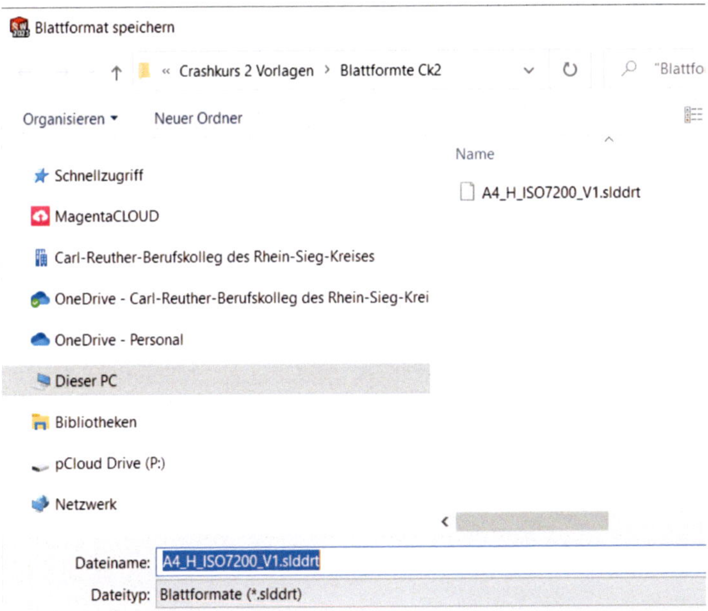

Bild 2.4.44

▶ Nachbetrachtungen

Video 2.10 zeigt Ihnen das Anlegen von Datenfeldern (Schritte 1-8).

2.4.5 Erstellung und Einfügen von Blöcken

Handhabung von Blöcken

Von SOLIDWORKS werden nicht alle Symbole, Sinnbilder, Zeichen und Etiketten standardmäßig bereitgestellt. Mit **Blöcken** ist es möglich, diese fehlenden Geometrien oder Bezugshinweise zu erstellen. Dabei können **Blöcke**, bis auf Punkte, alle Skizzenelemente, Stücklistensymbole, importierte Objekte, Texte und Schraffuren enthalten. Mit einem Einfügepunkt lassen sich **Blöcke** an Geometrien und Zeichenansichten anfügen.

Folgende Merkmale stehen Ihnen bei **Blöcken** zur Verfügung:

- Mit **Block erstellen** wandeln Sie Skizzenelemente in Blöcke um. Diese werden im FeatureManager unter der zugehörigen Skizze durch das Symbol gekennzeichnet.
- Mit **Block bearbeiten** können Sie Skizzenelemente, Bemaßungen und Beziehungen hinzufügen, entfernen oder bearbeiten. Dabei können Beziehungen nur innerhalb eines Blockes, jedoch nicht zu externen Skizzenelementen gesetzt werden.
- Mit **Block einfügen** können Sie mehrere referenzierte Kopien vorhandener Blöcke erstellen.
- Mit **Hinzufügen/Entfernen** lassen sich Skizzenelemente aus einem Block hinzufügen bzw. entfernen.
- Mit **Modellneuaufbau** aktualisieren Sie den erstellten Block.
- Mit **Block speichern** legen Sie den Block an einem definierten Speicherort mit der Erweiterung *.sldblk ab.
- Mit **Block auflösen** lösen Sie den Block auf. Andere referenzierte Blockkopien werden nicht aufgelöst.
- Mit **Riemen/Kette** können Sie durchgehende tangentiale Linien und Kurven, die Riemen- oder Kettenbahnen darstellen, hinzufügen.

> Auch für Blöcke lassen sich über **Extras, Optionen..., Systemoptionen, Dateipositionen** Ordner festlegen, die SOLIDWORKS standardmäßig beim Abspeichern von **Blöcken** öffnet.

Festlegung der Ordnerposition für Blöcke

Kopieren Sie den Ordner **Blöcke** aus dem Downloadbereich in ein beliebiges Verzeichnis und fügen Sie diesen Ordner unter **Extras, Optionen..., Systemoptionen, Dateipositionen** als Standardordner für **Blöcke** hinzu. In diesem Crashkurs wird der Ordner `X:\Crashkurs 2 Vorlagen\Blöcke Ck2` verwendet. (Bild 2.4.45)

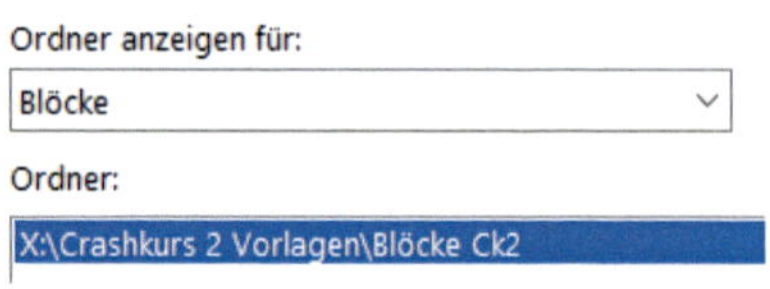

Bild 2.4.45

▶ Neue A4 Zeichnung ohne Blattformat

Blöcke können Sie über einzelne oder mehrere Skizzenelemente erstellen. Öffnen Sie dazu eine neue Zeichnung mit der Vorlage `Ck2 Zeichnung Christiani (mm)`, wählen Sie eine beliebige Blattgröße und deaktivieren Sie **Blattformat anzeigen**. Klicken Sie auf **OK**. (Bild 2.4.46)

Schließen Sie den PropertyManager **Modellansicht** mit **Abbrechen** ✕.

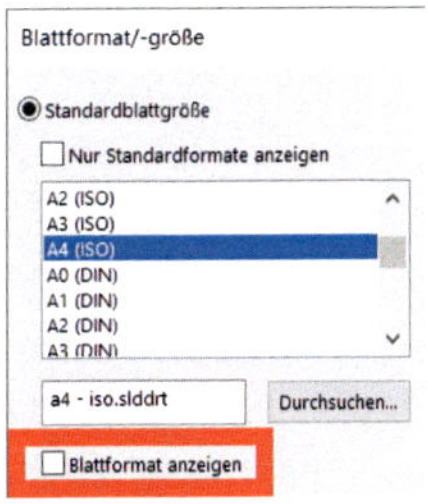

Bild 2.4.46

▶ Erstellung des Sinnbildes Projektionsmethode 1

Verwenden Sie für den Aufbau des Sinnbildes **Projektionsmethode 1** die Werkzeuge der Skizze-Symbolleiste. Aktivieren Sie ggf. den **Farbanzeigemodus** auf der Linienformat-Symbolleiste.

a) Erstellen Sie mit dem **Linienwerkzeug** und dem **Mittellinienwerkzeug** die Vorderansicht des Sinnbildes; einen auf der Seite liegenden Kegel. Fügen Sie dabei für die beiden schrägen Linien die Beziehung **Symmetrie** hinzu. Bemaßen Sie den Kegel über **Intelligente Bemaßung**. (Bild 2.4.47)

b) Erstellen Sie als Seitenansicht von Links des Sinnbildes zwei konzentrische Kreise über das **Kreiswerkzeug** und die fehlende senkrechte Mittellinie über das **Mittellinienwerkzeug**. Die Mittelpunkte der Kreise sind deckungsgleich mit der Mittellinie aus der Vorderansicht zu setzen. Bemaßen Sie die beiden Kreise gemäß den Bildern 2.4.48 und 2.4.49.

> Das Werkzeug **Mittelkreuze** aus der Beschriftung-Symbolleiste kann für die Blockerstellung nicht verwendet werden.

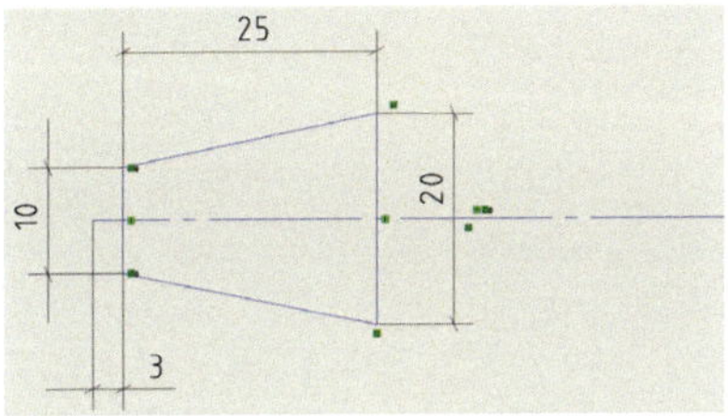

Bild 2.4.47

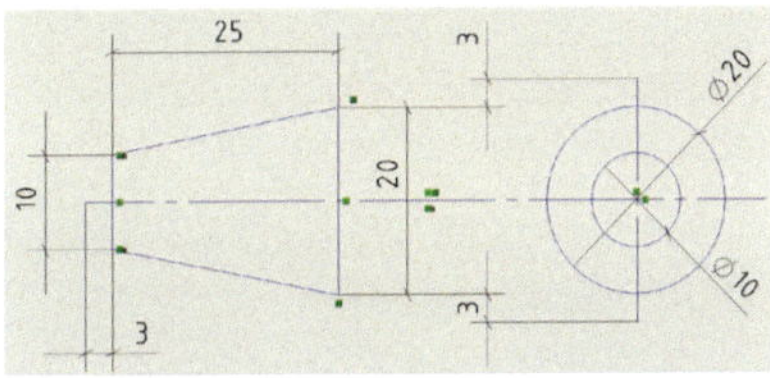

Bild 2.4.48

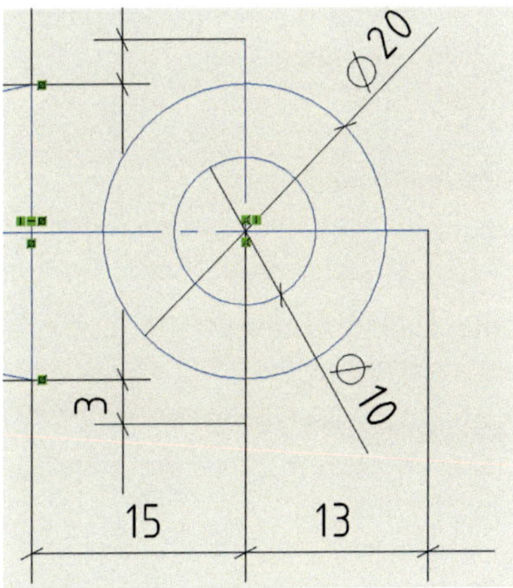

Bild 2.4.49

c) Markieren Sie alle erstellten Volllinien und öffnen Sie die Symbolleiste **Linienformat**. Wählen Sie unter **Linienstärke** den dritten Eintrag (**0,35mm**) aus. (Bild 2.4.50)
Vergeben Sie für die Mittellinien die Linienstärke **0,1mm**.

d) Blenden Sie die Bemaßungen aus. Klicken Sie dazu auf **Ansicht, Ausblenden/Einblenden, Beschriftung**. Das Mausfeedback ändert sich in. Klicken Sie alle Bemaßungen an und drücken Sie anschließend zum Beenden des Modus **Beschriftung** die **Esc**-Taste. Das Mausfeedback ändert sich wieder in. (Bild 2.4.51)

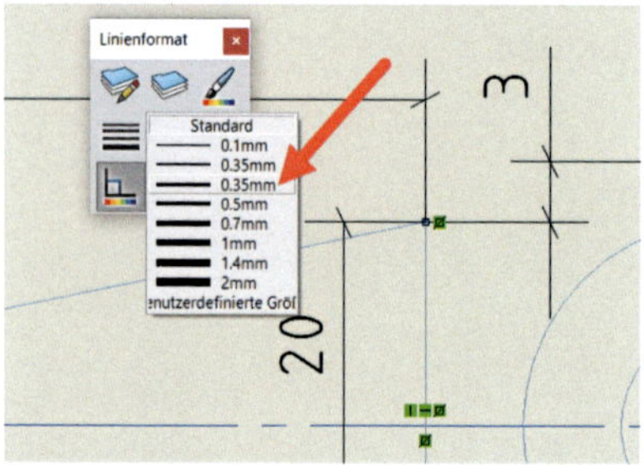

Bild 2.4.50

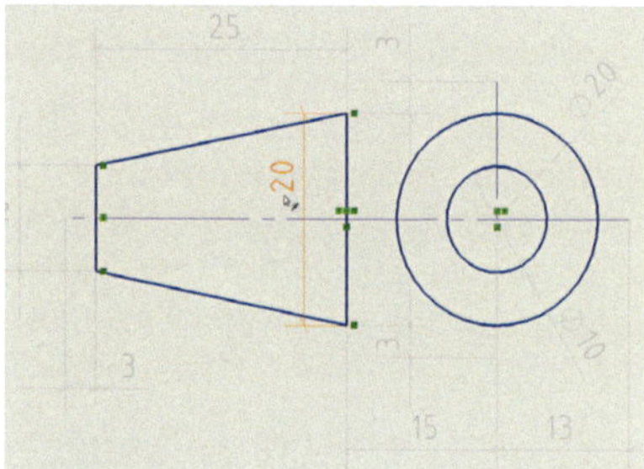

Bild 2.4.51

Die Bemaßungen sind auf dem Blatt ausgeblendet, nicht aber aus der Datenbank des Blatts entfernt.

Zugriff Block erstellen

- Klicken Sie auf **Extras, Block, Erstellen.**
- Klicken Sie auf der Blöcke-Symbolleiste auf **Block erstellen.**
- Klicken Sie die rechte Maustaste und wählen Sie aus dem Kontextmenü **Block erstellen.**

Erstellen eines Blocks

Markieren Sie alle Linien des erstellten Sinnbildes Projektionsmethode 1 und klicken Sie auf **Extras, Block, Erstellen**. (Bild 2.4.52)

Unter **Blockelemente** im PropertyManager **Block erstellen** sind alle markierten Linien aufgeführt. Öffnen Sie das Feld **Einfügepunkt**. (Bild 2.4.53)

Ziehen Sie den Ziehpunkt für die **Anfügung der Hinweislinie** und den blauen **Ursprung** auf die Mittelpunkte der Kreise. Klicken Sie auf **OK**. (Bild 2.4.54)

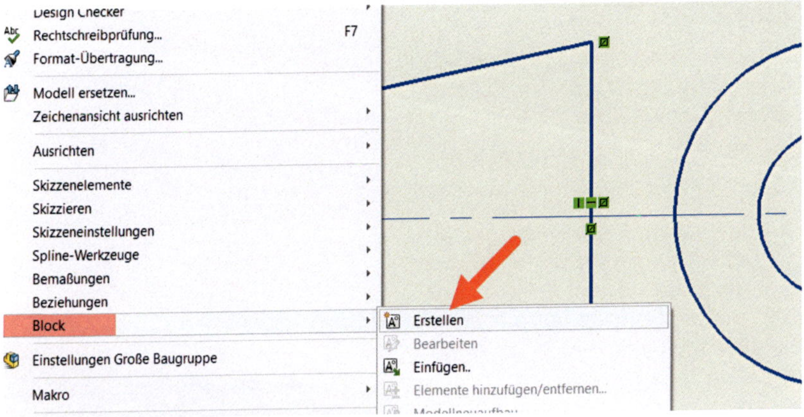

Bild 2.4.52

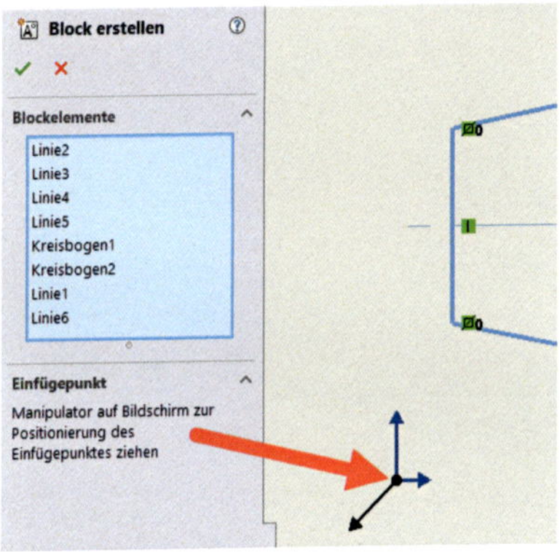

Bild 2.4.53

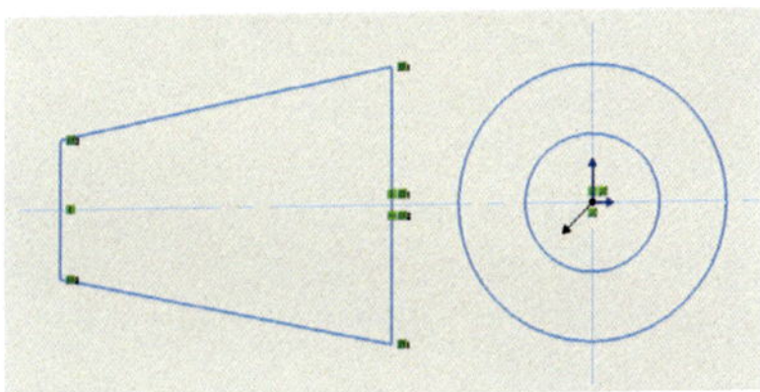

Bild 2.4.54

Sie haben nun einen lokalen **Block** erstellt, den Sie in der aktuellen Zeichnung mehrmals verwenden können.

Zugriff Block speichern

- Klicken Sie auf **Extras, Block, Speichern....**
- Klicken Sie auf der Blöcke-Symbolleiste auf **Block speichern**.
- Klicken Sie die rechte Maustaste und wählen Sie aus dem Kontextmenü **Block speichern**.

Speichern des Blocks

Nach dem Erstellen des **Blocks**, wird dieser im FeatureManager im Ordner **Blöcke** abgelegt. (Bild 2.4.55)

Bild 2.4.55

Blenden Sie unter **Ansicht, Symbolleisten** die Blöcke-Symbolleiste ein.

Klicken Sie im FeatureManager auf das Dreieck ▸ vor dem Eintrag **Blöcke** und anschließend auf Block1. Drücken Sie die F2-Taste und benennen Sie diesen Block um in `Projektionsmethode1`.

Klicken Sie bei noch markiertem Blockeintrag `Projektionsmethode1` in der Blöcke-Symbolleiste auf **Block speichern**. (Bild 2.4.56)

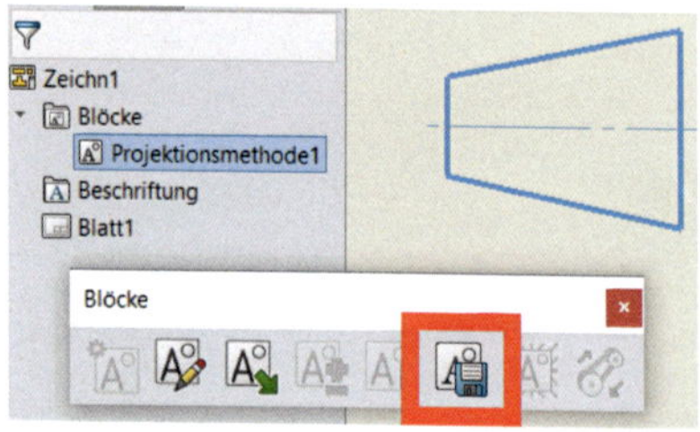

Bild 2.4.56

Das Dialogfeld **Speichern unter** wird angezeigt. SOLIDWORKS wechselt in den von Ihnen bekanntgegebenen Ordner für **Blöcke** aus Schritt 1. SOLIDWORKS schlägt Ihnen als Dateinamen den Blockeintrag aus dem FeatureManager vor. Speichern Sie den **Block** unter dem vorgeschlagenen Dateinamen `Projektionsmethode1.sldblk` ab. (Bild 2.4.57)

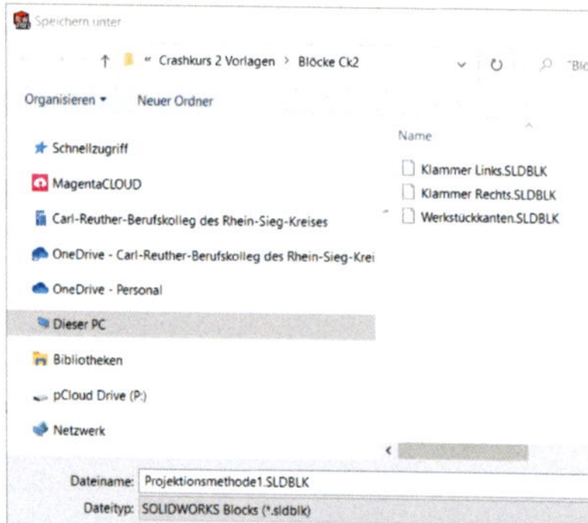

Bild 2.4.57

Erstellen eines Blocks mit Bezugshinweisen

Klicken Sie in Ihrer Beschriftung-Symbolleiste auf **Bezugshinweis**. Aktivieren Sie unter Hinweislinie **Keine Hinweislinie** und positionieren Sie den Bezugshinweis unterhalb des **Blocks** `Projektionsmethode1`. Geben Sie als Information über zwei Zeilen `Oberflächenbeschaffenheit DIN EN ISO 1302` und `Allgemeintoleranzen DIN ISO 2768-m` ein.

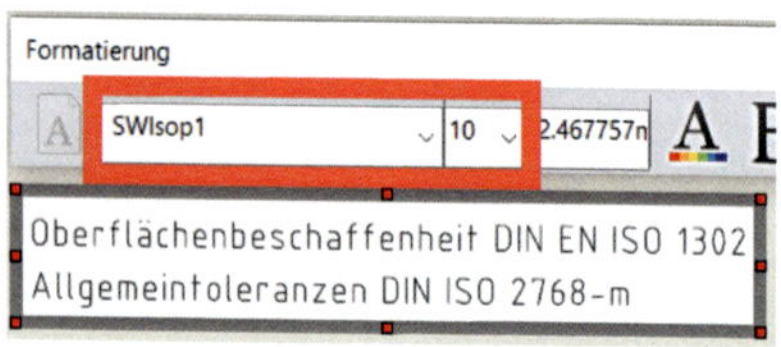

Bild 2.4.58

Formatieren Sie den Bezugshinweis mit der Schriftart `SWIsop1` und der Schriftgröße **10**. (Bild 2.4.58)

Beenden Sie den PropertyManager mit **OK** ✓.

▶ Speichern des Blocks mit den Bezugshinweisen

Markieren Sie den Bezugshinweis und klicken Sie in der Blöcke-Symbolleiste auf **Block erstellen**. Im Feld **Blockelemente** des PropertyManagers **Block erstellen** wird Ihnen der Bezugshinweis angezeigt. Übernehmen Sie den Vorschlag der Einfüge- und Ziehpunkte und bestätigen Sie mit **OK** ✓. (Bild 2.4.59)

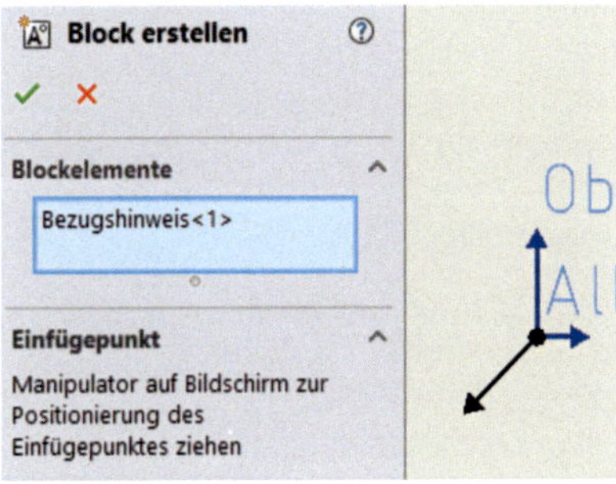

Bild 2.4.59

> Sie können Bezugshinweisen in einem Block **Blockattribute** vergeben. Dazu müssen Sie allerdings den Block bearbeiten.

▶ Erstellung der Blockattribute

Doppelklicken Sie mit der linken Maustaste auf den erstellten **Block** mit dem Bezugshinweis. Klicken Sie anschließend im erscheinenden Dialogfenster **SOLIDWORKS** (Bild 2.4.60) auf **Ja**, um den Block zu bearbeiten. In der Blöcke-Symbolleiste wird das Icon des Werkzeugs **Block bearbeiten** tiefgestellt. Doppelklicken Sie erneut mit der linken Maustaste auf den erstellten Block. Vergeben Sie im Feld **Blockattribut** des PropertyManagers **Bezugshinweis** den Attributnamen `Text` und aktivieren Sie die Checkbox `Schreibgeschützt`, um spätere Änderungen am Text auszuschließen. Beenden Sie den PropertyManager mit **OK** ✓ und anschließend das Werkzeug **Block bearbeiten**. (Bild 2.4.61)

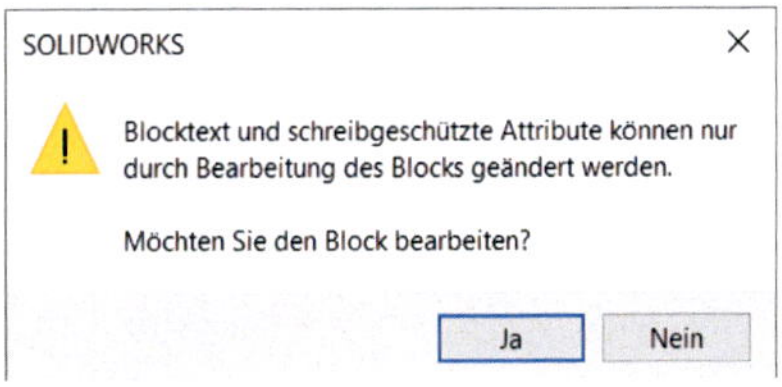

Bild 2.4.60

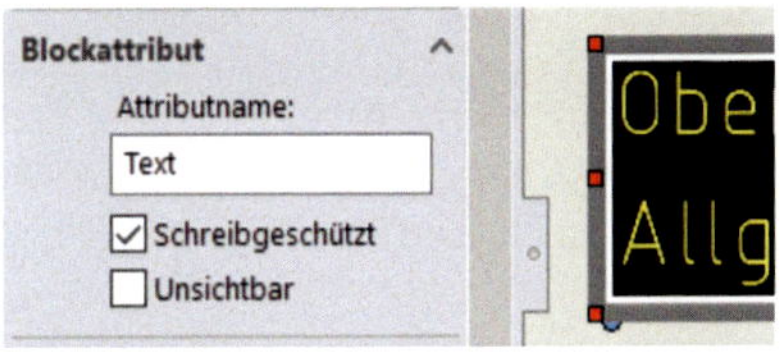

Bild 2.4.61

▶ Speichern des Blocks

Klicken Sie ggf. im FeatureManager auf das Dreieck ▶ vor dem Eintrag **Blöcke** und anschließend auf Block2. Drücken Sie die F2-Taste und benennen Sie diesen Block um in `Textblock`.

Klicken Sie bei noch markiertem Blockeintrag `Textblock` die rechte Maustaste und wählen Sie aus dem Kontextmenü **Block speichern...** aus.

Das Dialogfeld **Speichern unter** wird angezeigt. SOLIDWORKS schlägt Ihnen als Dateinamen wieder den Blockeintrag aus dem FeatureManager vor. Speichern Sie den **Block** unter dem vorgeschlagenen Dateinamen `Textblock.sldblk` ab. (Bild 2.4.62)

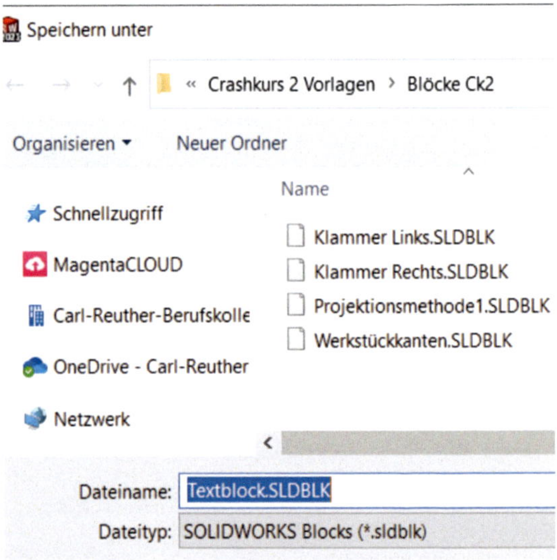

Bild 2.4.62

Zwischenbetrachtungen

Video 2.11 zeigt Ihnen das Erstellen und Speichern von Blöcken.

Neue Zeichnung mit Blattformat `A4_H_ISO7200_V1.slddrt` öffnen

Erstellen Sie eine neue Zeichnung mit der Vorlage `Ck2 Zeichnung Christiani (mm)` und dem aktivierten Blattformat `A4_H_ISO7200_V1.slddrt`. Schließen Sie den PropertyManager **Modellansicht** mit **Abbrechen** ✕ und bearbeiten Sie das Blattformat. (Bild 2.4.63)

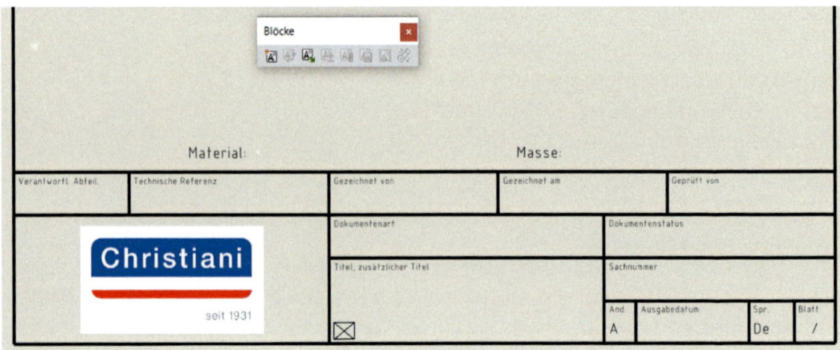

Bild 2.4.63

▶ **Einfügen** des Blocks **`Projektionsmethode1`**

Klicken Sie in der Blöcke-Symbolleiste auf **Block einfügen**. Der PropertyManager **Block einfügen** öffnet sich. (Bild 2.4.64)
Wählen Sie **Durchsuchen** und öffnen Sie anschließend im Dialogfenster **Öffnen** den Block `Projektionsmethode1`. Der Einfügepunkt des Blocks hängt nun am Mauszeiger. Stellen Sie im Feld **Parameter** den **Blockmaßstab** **0.4** ein und platzieren Sie den Block rechts oberhalb des Schriftfeldes. Beenden Sie den PropertyManager mit **OK** ✓. (Bild 2.4.65)

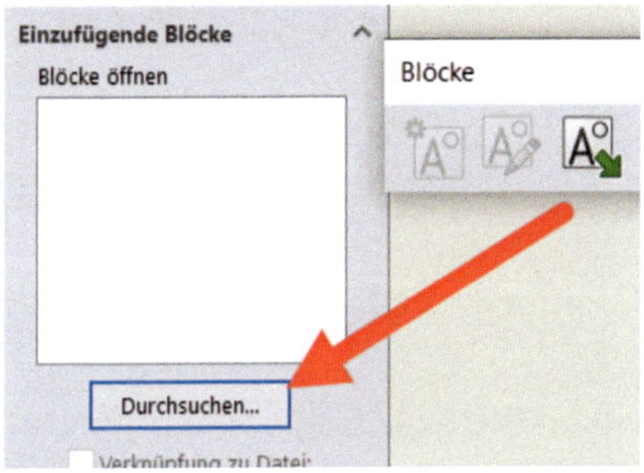

Bild 2.4.64

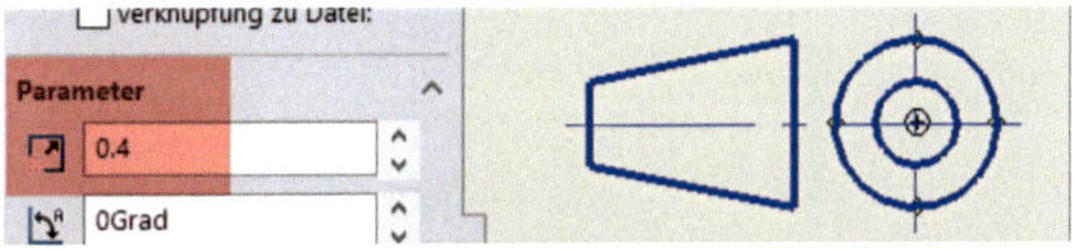

Bild 2.4.65

▶ **Positionieren des Blocks `Projektionsansicht1`**

Wählen Sie auf der Skizze-Symbolleiste **Intelligente Bemaßung** aus. Richten Sie gemäß der Abbildung den **Block** `Projektionsansicht1` aus, indem Sie jeweils die entsprechende Linie und einen Kreisbogen auswählen. (Bild 2.4.66)

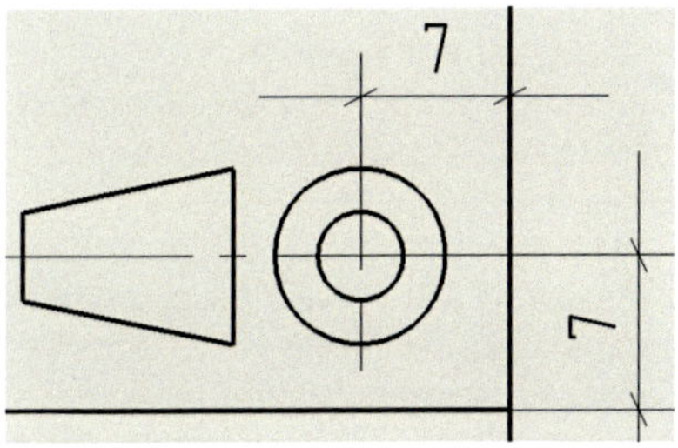

Bild 2.4.66

▶ **Einfügen weiterer Blöcke (`Werkstückkanten, Textblock`)**

Klicken Sie in der Blöcke-Symbolleiste auf **Block einfügen**. Wählen Sie **Durchsuchen** und öffnen den Block `Werkstückkanten`. Der Einfügepunkt des Blocks hängt nun am Mauszeiger. Stellen Sie im Feld **Parameter** den **Blockmaßstab** **0.55** ein und platzieren Sie den Block links oberhalb des Schriftfeldes. (Bild 2.4.67)

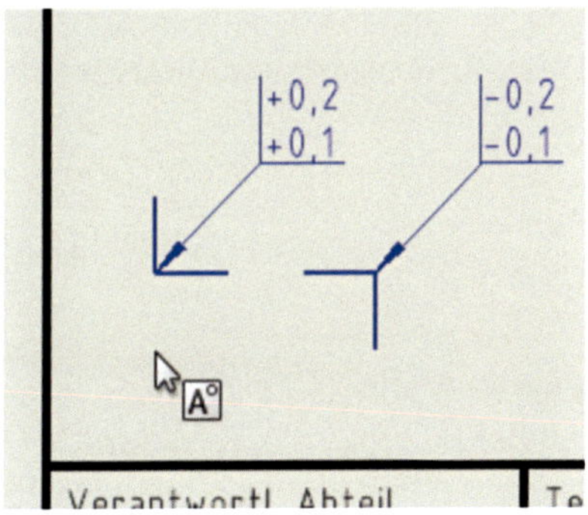

Bild 2.4.67

Wählen Sie erneut **Durchsuchen** und öffnen Sie den **Block** `Textblock`. Belassen Sie den **Blockmaßstab** **1** und platzieren Sie den **Block** rechts oberhalb des Bezugshinweises `Material:` . Beenden Sie den PropertyManager mit **OK** ✓. (Bild 2.4.68)

Positionieren des Blocks `Werkstückkanten`

Bemaßen Sie gemäß der Abbildung den **Block** `Werkstückkanten` aus, indem Sie jeweils die entsprechende Linie und einen Punkt auswählen. (Bild 2.4.69)

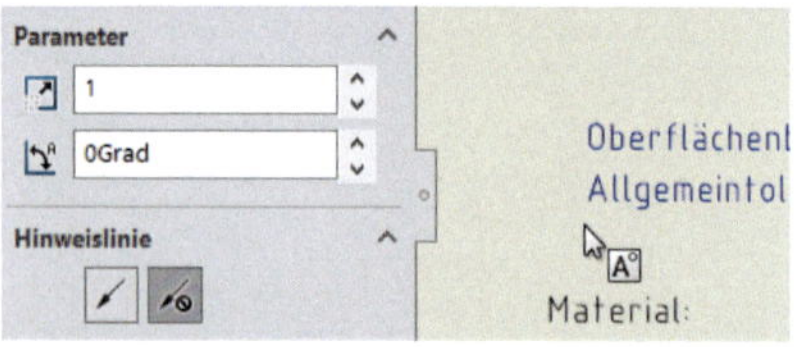

Bild 2.4.68

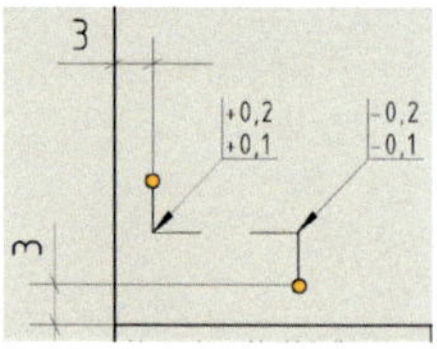

Bild 2.4.69

Ausblenden der Bemaßung

Klicken Sie auf **Ansicht, Ausblenden/Einblenden, Beschriftung**. Klicken Sie nacheinander die Bemaßungen **3, 3, 7, 7** an und drücken Sie anschließend zum Beenden des Modus **Beschriftung** die **Esc**-Taste.)

> Die Bemaßungen zur Positionierung der Blöcke müssen nicht ausgeblendet werden. SOLIDWORKS speichert diese Bemaßungen im Blattformat **nicht** mit ab. Zur Fixierung von Blöcken auf dem Blattformat können diese aufgelöst und anschließend über eine Beziehung fixiert werden.

Auflösen des Blocks `Textblock`

Markieren Sie den **Block** `Textblock` und klicken Sie auf der Block-Symbolleiste auf **Block auflösen**. (Bild 2.4.70)

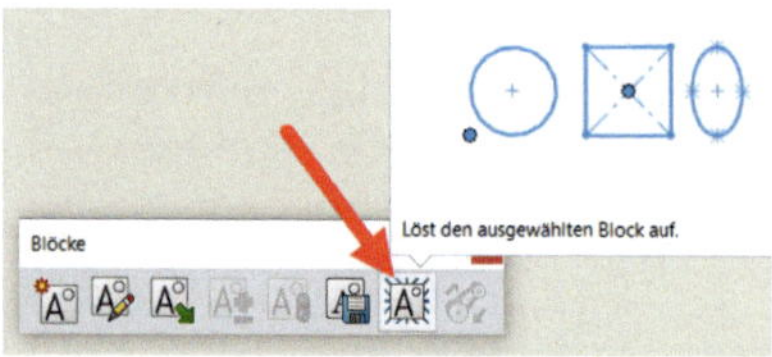

Bild 2.4.70

> Mit dem Auflösen des Blocks verschiebt sich die Position des aufgelösten **Blocks** `Textblock` eventuell ein wenig. Mit Beenden des Modus **Blattformat bearbeiten** wird die geänderte Position wieder korrigiert.

Beenden Sie den Modus **Blattformat bearbeiten.**

▶ Speichern des Blattformats

Klicken Sie auf **Datei, Blattformat speichern…**. Vergeben Sie dem Blattformat (A4, Hochformat, ISO 7200, Version 2) den Dateinamen `A4_H_ISO7200_V2.slddrt`. Klicken Sie auf **Speichern** und schließen Sie SOLIDWORKS ohne die Zeichnung zu speichern.

▶ Neue Zeichnung mit Blattformat `A4_H_ISO7200_V2.slddrt` öffnen

Erstellen Sie eine neue Zeichnung mit der Vorlage `Ck2 Zeichnung Christiani (mm)` und dem aktivierten Blattformat `A4_H_ISO7200_V2.slddrt`. Schließen Sie den PropertyManager **Modellansicht** mit **Abbrechen** ✗ und bearbeiten Sie das Blattformat.

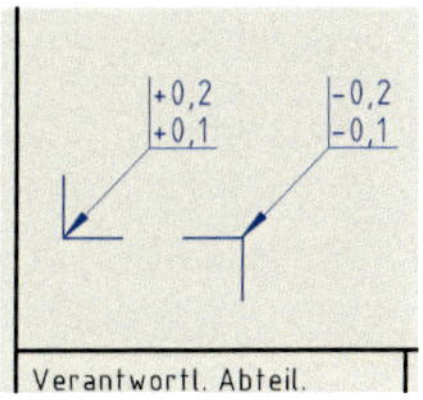

Bild 2.4.71

Die beiden Blöcke `Projektionsmethode1` und `Werkstückkanten` besitzen, an der blauen Linienfarbe zu erkennen, wieder den Status **Unterdefiniert**. Die Bemaßungen aus Schritt 13 und 15 sind vom SOLIDWORKS im Blattformat nicht gespeichert worden. (Bild 2.4.71)

▶ Auflösen des Blocks `Projektionsansicht1`

Markieren Sie den Block `Projektionsansicht1` und klicken Sie auf der Block-Symbolleiste auf **Block auflösen**.

▶ Fixieren des Blocks `Projektionsmethode1`

Markieren Sie den linken Endpunkt der Mittellinie aus der Vorderansicht des Sinnbildes. Fügen Sie diesem Endpunkt im PropertyManager **Punkt** die Beziehung **Fixiert** hinzu (Bild 2.4.72). Das Sinnbild erhält, an der **schwarzen** Linienfarbe zu erkennen, wieder den Status **Voll definiert**. (Bild 2.4.73)

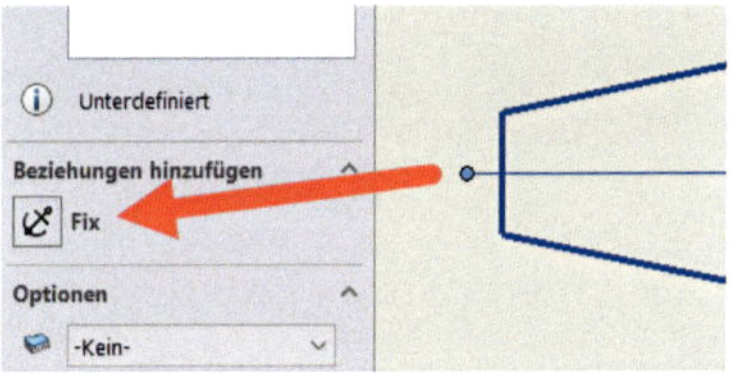

Bild 2.4.72

Die Fixierung des Blocks `Werkstückkanten` (Bild 2.4.74) erfolgt in **Kapitel 2.4.11**

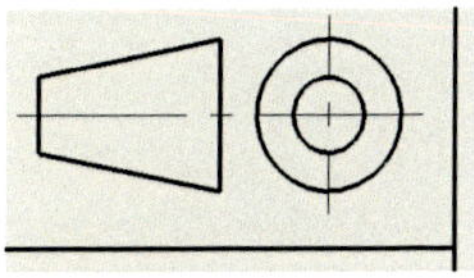

Bild 2.4.73

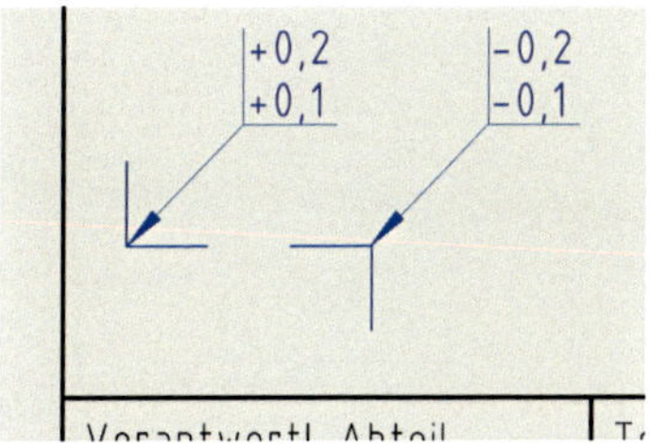

Bild 2.4.74

Symbolleiste Ausrichten

Ähnlich wie in vielen Windowsprogrammen auch, lassen sich in SOLIDWORKS Objekte, wie z.B. Bemaßungen und Beschriftungen, mit Werkzeugen zu einander ausrichten. Benutzen Sie dazu die Rahmenauswahl oder halten Sie die **Strg**-Taste gedrückt, um mehrere Bemaßungen und Beschriftungen auszuwählen. Aktivieren Sie ggf. die Symbolleiste **Ausrichten** über **Ansicht, Symbolleisten**. (Bild 2.4.75)

Folgende Werkzeuge stehen Ihnen beim **Ausrichten** u. a. zur Verfügung:

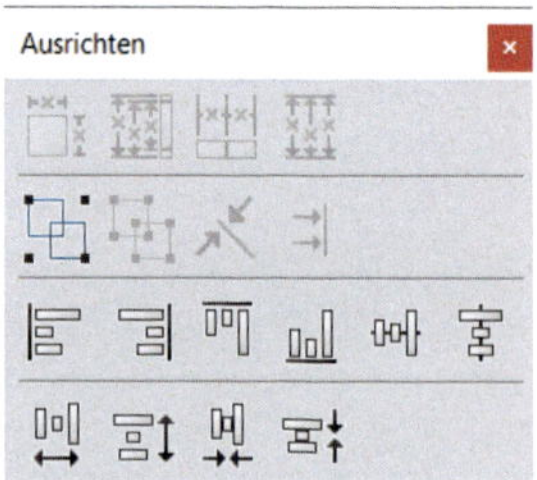

Bild 2.4.75

- **Gruppe** – Gruppiert Beschriftungen, so dass Sie gemeinsam verschoben werden können.
- **Gruppierung aufheben** – Hebt eine Gruppierung wieder auf.
- **Linksbündig** – Richtet Beschriftungen an der am weitesten links stehenden Beschriftung innerhalb der markierten Gruppe aus.
- **Rechtsbündig** – Richtet Beschriftungen an der am weitesten rechts stehenden Beschriftung innerhalb der markierten Gruppe aus.
- **Nach oben ausrichten** – Richtet Beschriftungen an der am weitesten oben stehenden Beschriftung innerhalb der markierten Gruppe aus.
- **Nach unten ausrichten** – Richtet Beschriftungen an der am weitesten unten stehenden Beschriftung innerhalb der markierten Gruppe aus.
- **Horizontal ausrichten** – Richtet die Beschriftungen mit der Mitte auf die am weitesten links stehende Beschriftung innerhalb der markierten Gruppe aus.
- **Vertikal ausrichten** – Richtet die Beschriftungen mit der Mitte auf die am weitesten oben stehende Beschriftung innerhalb der markierten Gruppe aus.

Ausrichten zweier Bezugshinweise zueinander

Markieren Sie, bei aktivierter Ausrichten-Symbolleiste, mit gedrückter **Strg**-Taste die Bezugshinweise `Material:` **und** `Masse:` . Klicken Sie in der Ausrichten-Symbolleiste auf **Nach unten ausrichten**. (Bild 2.4.76)

Bild 2.4.76

Da die Ausrichtung der beiden Bezugshinweise schon in Abschnitt 2.4.4 Schritt 6 über die Parameter der X- und Y-Punkte vollzogen wurde, muss der Schritt 22 nicht zwingend ausgeführt werden.

Sie können die beiden Bezugshinweise auch noch über zwei Alternativen ausrichten:

- Markieren Sie die beiden Bezugshinweise und drücken Sie die rechte Maustaste. Wählen Sie im Kontextmenü **Ausrichten, Nach unten ausrichten**. (Bild 2.4.77)

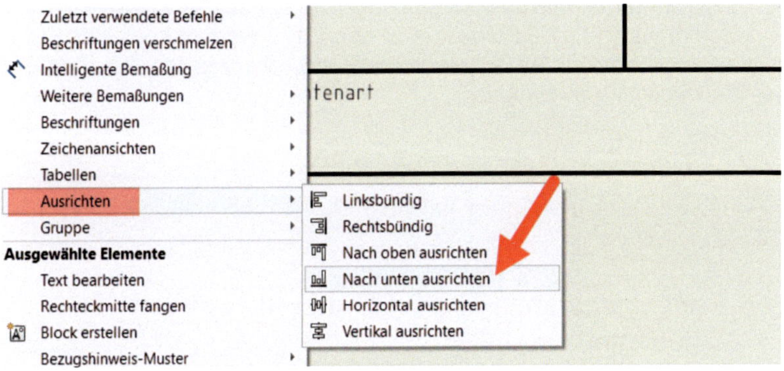

Bild 2.4.77

- Klicken Sie den Bezugshinweis `Masse:` an und halten Sie die linke Maustaste gedrückt. Bewegen Sie den Bezugshinweis auf die Höhe des Bezugshinweises `Material:`. Wenn eine **gelbe** Bezugslinie erscheint, können Sie die linke Maustaste loslassen, der Bezugshinweis ist ausgerichtet. (Bild 2.4.78)

  Die gelbe Bezugslinie erscheint nur, wenn der Bezugshinweis, auf den ausgerichtet werden soll, fast vollständig zu sehen ist.

Bild 2.4.78

Video 2.12 zeigt Ihnen die beiden Alternativen zum Ausrichten von Bezugshinweisen.

▶ Positionieren des Blocks `Textblock`

Fügen Sie gemäß der Abbildung 2.4.79 über die Skizzen-Symbolleiste eine Skizzenlinie hinzu und verschieben Sie den aufgelösten **Block** `Textblock` so an diese Skizzenlinie heran, dass der Textblock auf Höhe der Bemaßung **0,2** ausgerichtet ist.

Bild 2.4.79

Markieren Sie anschließend mit der **Strg**-Taste den aufgelösten **Block** `Textblock` und den Bezugshinweis `Material:` Richten Sie den aufgelösten **Block** `Textblock` **Linksbündig** am Bezugshinweis `Material:` aus. (Bild 2.4.80)

Löschen Sie abschließend die eingefügte Skizzenlinie.

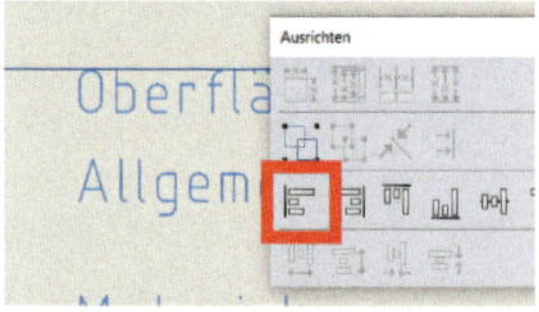

Bild 2.4.80

Speichern des Blattformats

Klicken Sie auf **Datei, Blattformat speichern...**. Vergeben Sie dem Blattformat (A4, Hochformat, ISO 7200, Version 3) den Dateinamen `A4_H_ISO7200_V3.slddrt`. Klicken Sie auf **Speichern** und schließen Sie SOLIDWORKS ohne die Zeichnung zu speichern.

Nachbetrachtungen

Video 2.13 zeigt Ihnen das Einfügen, Platzieren und Auflösen von Blöcken.

2.4.6 Erstellen eines Teils mit benutzerdefinierten Eigenschaften

Eigenschaften

Sie können Teil-, Baugruppen- bzw. Zeichnungs-Dokumenten oder Konfigurationen eines Modells über das Dialogfeld Eigenschaften weitere Informationen zuweisen. Diese Informationen lassen sich wie folgt verwenden:

- **Anwenden in einer Stückliste**
- Hinzufügen von assoziativen Bemaßungen in Teilen, die eine Stückliste dynamisch aktualisieren
- Verwendung als erweiterte Auswahlkriterien zur Verwaltung von Baugrup penkonfigurationen
- **Integration in Blattformaten in Zeichnungen und zum Verknüpfen von Bezugshinweisen mit Dokumenteigenschaften**
- Hinzufügen von systemdefinierten, konfigurationsspezifischen Masseneigenschaften

Zugriff:

- Wählen Sie **Datei, Eigenschaften...**.
- Klicken Sie in der Menüzeile auf **Eigenschaften.**

Es empfiehlt sich, einem Teil oder einer Baugruppe bzw. einer Zeichnungsdatei, benutzerdefinierte Eigenschaften zuzuweisen, um sie später mit Bezugshinweisen in einer Zeichnung zu verknüpfen.

▶ Öffnen des Teils `Block.sldprt`

Starten Sie SOLIWORKS.

Im Downloadbereich wird Ihnen im Ordner `Probeteile` die Datei `Block.sldprt` bereitgestellt. In diesem Crashkurs ist die Datei unter `X:\SOLIDWORKS Vorlagen/Probeteile Ck2` abgelegt. (Bild 2.4.81)

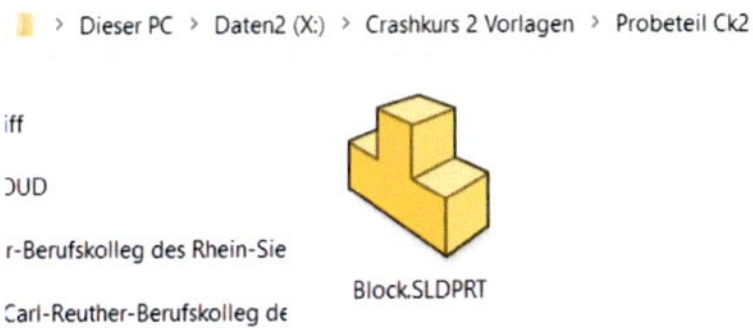

Bild 2.4.81

▶ Anzeigen der Dateieigenschaften

Lassen Sie sich die Dateieigenschaften des Teils `Block.sldprt` anzeigen. Wählen Sie dazu unter dem Menüpunkt **Datei** den Eintrag **Eigenschaften....** Aktuell ist nur auf der Registerkarte **Info** die Eigenschaft **Autor** belegt. Auf den beiden anderen Registerkarten **Benutzerdefiniert** und **Konfigurationsspezifisch** sind keine Informationen hinterlegt.

Eigenschaften-Registerkarte

Über das eigenständige Dienstprogramm **Property Tab Builder** lässt sich eine benutzerdefinierte Vorlage zur Eingabe von Eigenschaften in SOLIDWORKS Dateien erstellen. (Bild 2.4.82)

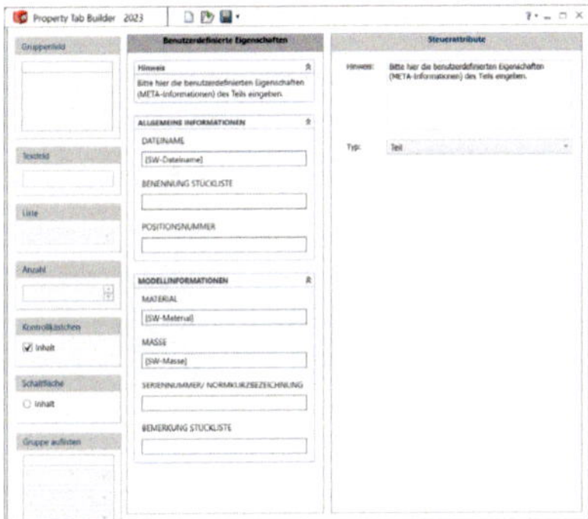

Bild 2.4.82

Sie können solche Eigenschaften-Registerkartenvorlagen für

- Teile (*.prtprp),
- Baugruppen (*.asmprp),
- Zeichnungen (*.drwprp) und
- Schweißkonstruktionen (*.wldprp)

einrichten. Beim Erstellen solcher Eigenschaften-Registerkartenvorlagen werden Felder mit benutzerdefinierten Steuerattributen verknüpft, wobei der Eigenschaftsname frei gewählt werden kann. Bild 2.4.83 zeigt das Feld BENENNUNG STÜCKLISTE mit dem verknüpften Eigenschaftsattribut BEST. (BEST steht hierbei für die Abkürzung Benennung in der Stückliste)

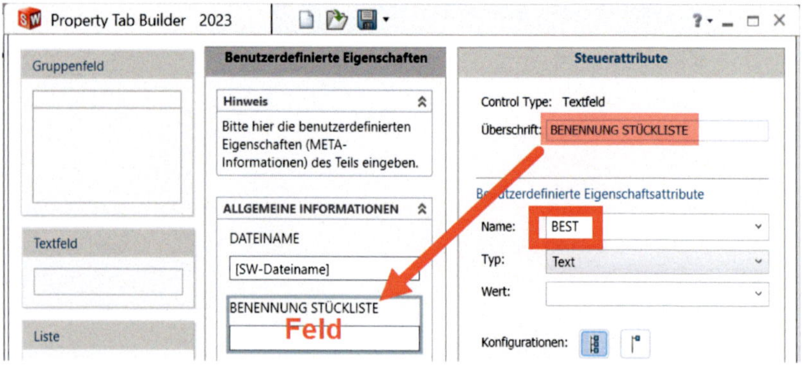

Bild 2.4.83

Zugriff auf die erstellten Eigenschaften-Registerkarten erhalten Sie dann in der SOLIDWORKS-Software auf der Registerkarte Benutzerdefinierte Eigenschaften. (Bild 2.4.84)

Über den Button Anwenden lassen sich benutzerdefinierte Eigenschaften einem **Teil**, einer **Baugruppe**, einer **Zeichnung** oder einer **Schweißkonstruktion** zuweisen.

Für diesen Crashkurs sind für **Teile** die Eigenschaften-Registerkartenvorlage `BenutzerEigenschaft Teil Ck2.prtprp` und für **Zeichnungen** die Eigenschaften-Registerkartenvorlage `BenutzerEigenschaft Zeichnung Ck2.drwprp` erstellt worden. (Bild 2.4.85)

Den Ablageort der Eigenschaften-Registerkartenvorlage haben Sie im Kapitel **1 Wichtige vorbereitende Maßnahmen** (Bild 1.26) SOLIDWORKS zugewiesen.

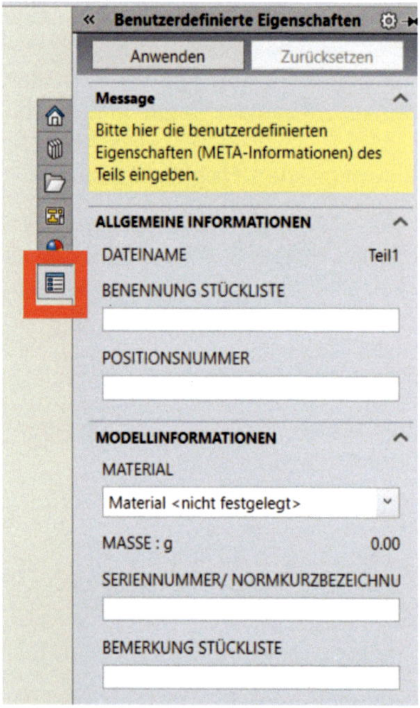

Bild 2.4.84

Zuweisen von Dateieigenschaften dem Teil `Block.sldprt`

Wählen Sie im Task-Fensterbereich die Registerkarte Benutzerdefinierte Eigenschaften. Vergeben Sie dem geöffneten Teil `Block.sldprt` benutzerdefinierte Eigenschaften gemäß des Bildes 2.4.86. Klicken Sie anschließend auf Anwenden.

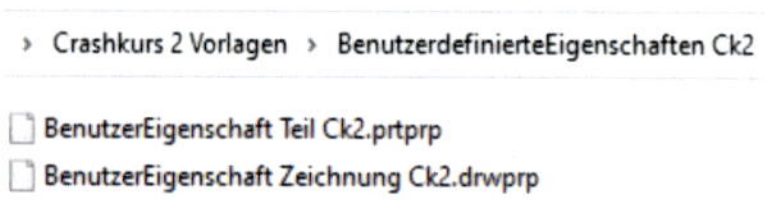

Bild 2.4.85

▶ Anzeigen der zugewiesenen Dateieigenschaften

Lassen Sie sich die Dateieigenschaften des Teils `Block.sldprt` nun erneut anzeigen. Wählen Sie dazu unter dem Menüpunkt **Datei** den Eintrag **Eigenschaften...**, aktivieren Sie die Registerkarte **Benutzerdefiniert**. (Bild 2.4.87)

Dem Teil `Block.sldprt` sind die im Schritt 3 hinzugefügten benutzerdefinierten Eigenschaften aus der Eigenschaften-Registerkarte zugewiesen worden.

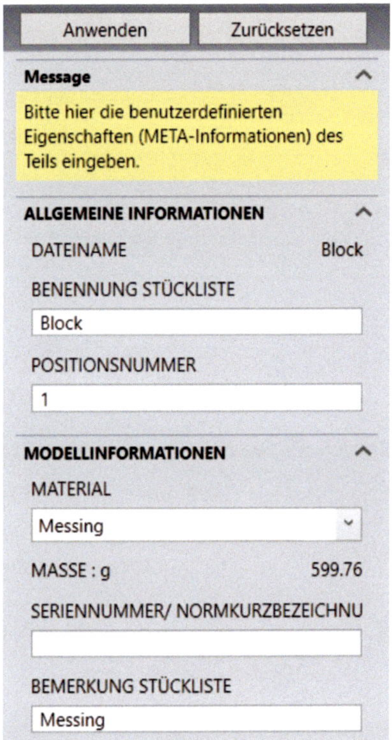

Bild 2.4.86

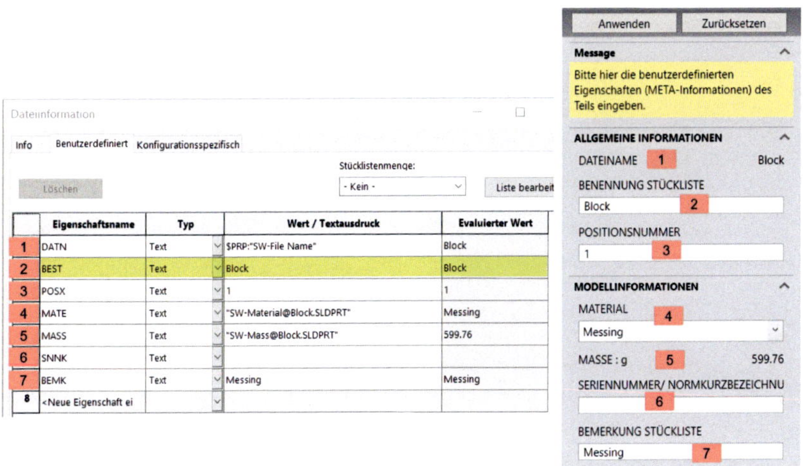

Bild 2.4.87

BENUTZERDEFINIERTE EIGENSCHAFTEN
`BenutzerEigenschaft Teil Ck2.prtprp`

Nr.	Eigenschaftsname	Bedeutung
1	DATN	Dateiname
2	BEST	Benennung in der Stückliste
3	POSX	Positionsnummer in der Stückliste
4	MATE	Material des Teils
5	MASS	Masse des Teils
6	SNNK	Seriennummer-, Normkurzbezeichnung Stückliste
7	BEMK	Spalte Bemerkung in der Stückliste

Speichern Sie das Teil `Block.sldprt` ◄

Speichern Sie das Bauteil durch einen linken Mausklick auf und schließen Sie SOLIDWORKS.

2.4.7 Erstellen eines Datenfeldes mit verknüpften Eigenschaften

Eigenschaften in Vorlagen und Blattformaten

Neue Zeichnung öffnen ◄

Klicken Sie nach dem Starten von SOLIDWORKS auf **Neu**. Erstellen Sie eine neue **Zeichnung** indem Sie die Vorlage `Ck2 Zeichnung Christiani A4 (mm)` auswählen und auf **OK** klicken.

Blattgröße A4 mit Blattformat `A4_H_ISO7200_V3.slddrt` auswählen ◄

Das Dialogfenster **Blattformat/-größe** wird eingeblendet. Wählen Sie das Optionsfeld **Standardblattgröße** und deaktivieren Sie die Checkbox **Nur Standardformate anzeigen**. Klicken Sie im Auswahlfenster auf das Blattformat `A4_H_ISO7200_V3.slddrt`. Aktivieren Sie die Checkbox **Blattformat anzeigen** und klicken abschließend auf **OK**.

Modus „Blattformat bearbeiten" aktivieren ◄

Schließen Sie den PropertyManager **Modellansicht** mit **Abbrechen** ✖. Klicken Sie mit der rechten Maustaste auf das Zeichenblatt und wählen Sie im Kontextmenü **Blattformat bearbeiten**.

▶ Einfügen eines Bezugshinweises

Klicken Sie in Ihrer Beschriftung-Symbolleiste auf **Bezugshinweis**, aktivieren Sie unter Hinweislinie **Keine Hinweislinie** und aktivieren Sie gegebenenfalls in Feld **Parameter** die Checkbox **Auf Bildschirm anzeigen**. Bewegen Sie die Maus auf die Zeichnung. Überschreiben Sie den angezeigten Wert der **X**-Komponente mit **21mm**. Drücken Sie die **Tabulator**-Taste und wählen nun für den markierten Wert der **Y**-Komponente **41,5mm**. (Bild 2.4.88)

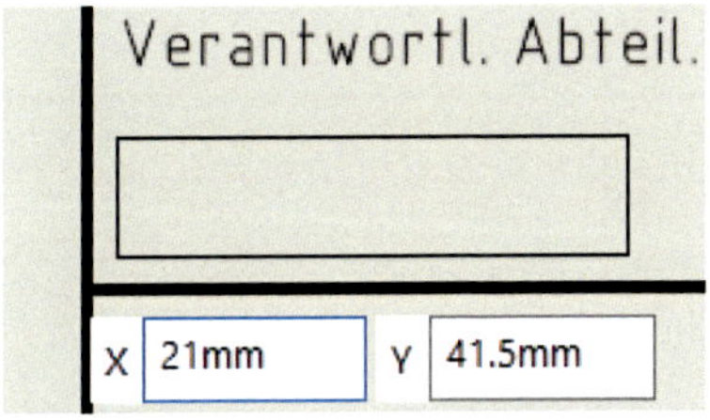

Bild 2.4.88

Drücken Sie anschließend die **Enter**-Taste und formatieren Sie den Bezugshinweis mit der Schriftart `SWIsop1` und der Schriftgröße **10**. Beenden Sie den PropertyManager mit **OK** ✓, ohne einen Text eingegeben zu haben.

▶ Einfügen 11 weiterer Bezugshinweise ins Schriftfeld

Wiederholen Sie diesen Vorgang für die verbleibenden 11 Bezugshinweise gemäß den Abbildungen 2.4.89 und 2.4.90.

Formatieren Sie jedoch den Bezugshinweis unter `Titel, zusätzliche Titel` auf Schriftgröße **16**. (Bild 2.4.91)

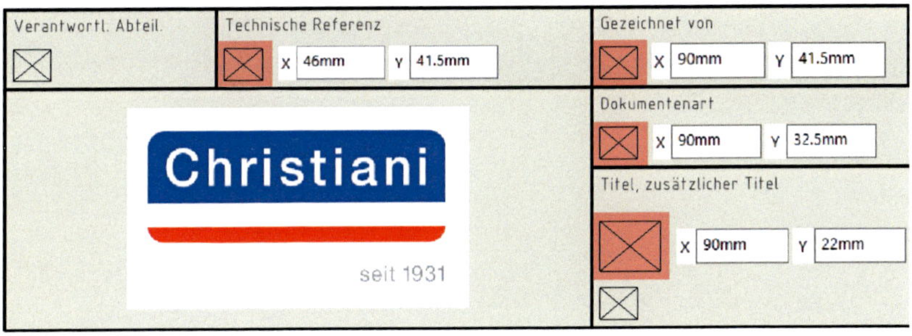

Bild 2.4.89

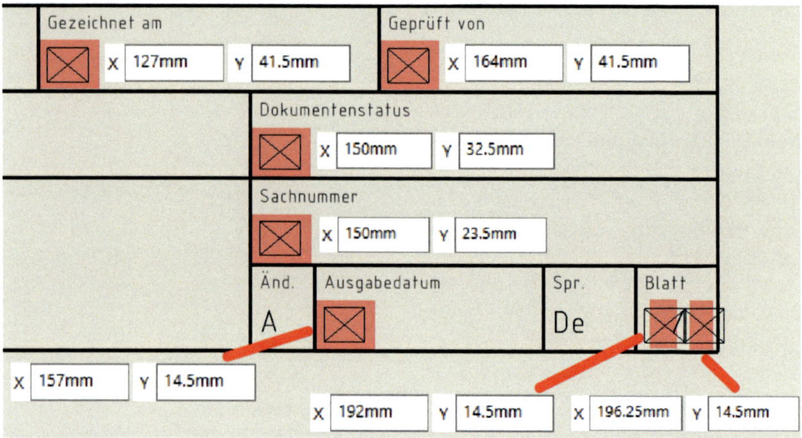

Bild 2.4.90

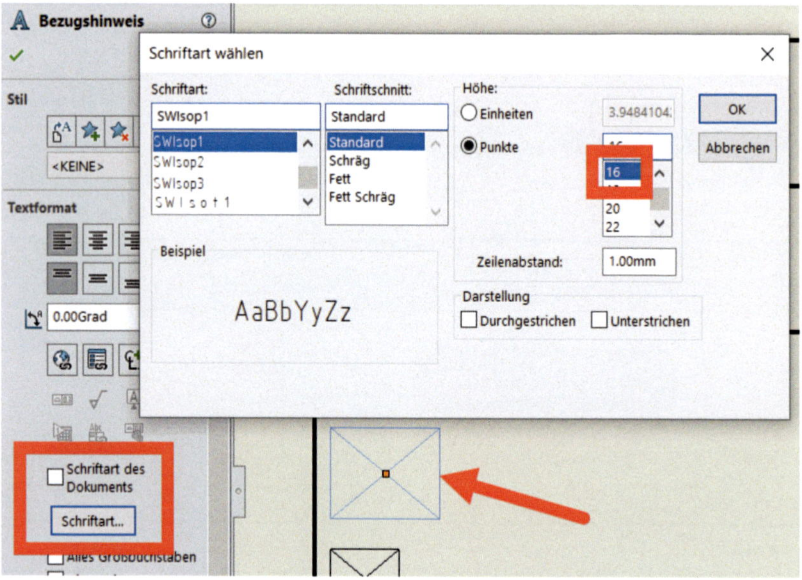

Bild 2.4.91

Einfügen 2 weiterer Bezugshinweise über das Schriftfeld

Klicken Sie in Ihrer Beschriftung-Symbolleiste auf **Bezugshinweis**, aktivieren Sie unter Hinweislinie **Keine Hinweislinie** und aktivieren Sie gegebenenfalls in Feld **Parameter** die Checkbox **Auf Bildschirm anzeigen.** Bewegen Sie die Maus auf die Zeichnung. Überschreiben Sie den angezeigten Wert der **X**-Komponente mit **72mm**. Drücken Sie die **Tabulator**-Taste, wählen für den markierten Wert der **Y**-Komponente **51,5mm** und platzieren so den Bezugshinweis rechts neben dem Bezugshinweis `Material:` .

Wiederholen Sie diesen Vorgang für den Bezugshinweise rechts neben dem Bezugshinweis `Masse:` . Formatieren Sie den hinzugefügten Bezugshinweisen die Schriftart `SWIsop1` und die Schriftgröße **10** hinzu. (Bild 2.4.92)

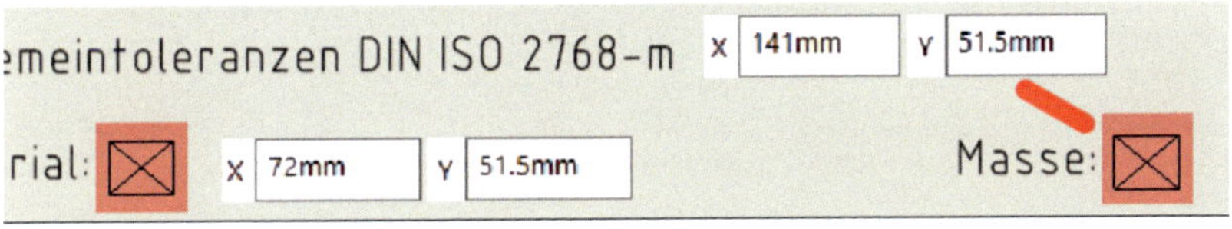

Bild 2.4.92

- **Beenden des Modus „Blattformat bearbeiten"**

Klicken Sie dazu oben rechts im Grafikbereich auf **Blattformat bearbeiten beenden**. Sie befinden sich jetzt wieder auf dem Zeichenblatt.

- **Speichern des Blattformats**

Klicken Sie auf **Datei, Blattformat speichern....** Das Dialogfenster **Blattformat speichern** öffnet sich. Falls nicht automatisch geschehen, wechseln Sie in Ihren persönlichen Ordner für Blattformate. Vergeben Sie dem Blattformat (A4, Hochformat, ISO 7200, Version 4) den Dateinamen `A4_H_ISO7200_V4.slddrt`. Klicken Sie auf **Speichern** und schließen Sie SOLIDWORKS ohne die Zeichnung zu speichern.

- **Neue Zeichnung mit Blattformat `A4_H_ISO7200_V4.slddrt` öffnen**

Erstellen Sie eine neue Zeichnung mit der Vorlage `Ck2 Zeichnung Christiani (mm)` und dem aktivierten Blattformat `A4_H_ISO7200_V4.slddrt`.

- **Einfügen einer Ansicht des Teils `Block.sldprt`**

Klicken Sie im PropertyManager **Modellansicht** unter **Einzufügende(s) Teil/Baugruppe** auf **Durchsuchen....** Das Dialogfeld **Öffnen** wird angezeigt. Wählen Sie in Ihrem Dateiordner die Datei `Block.sldprt` aus und klicken Sie auf **Öffnen**. (Bild 2.4.93)

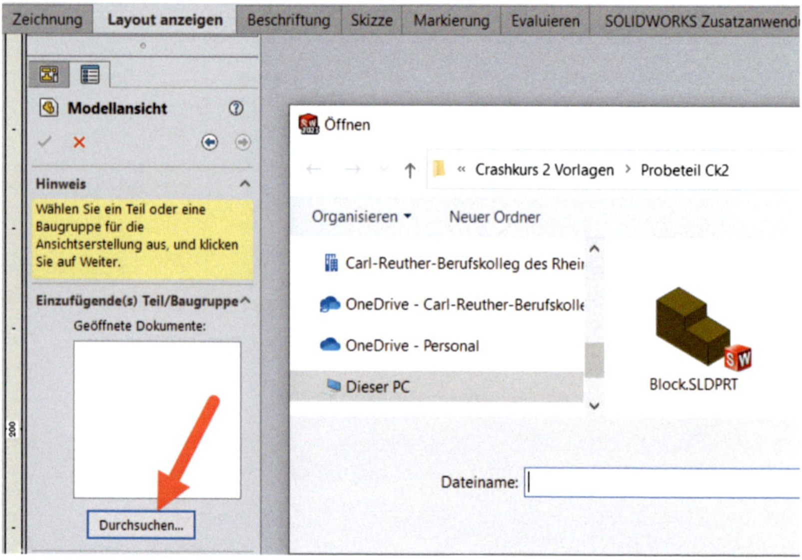

Bild 2.4.93

Platzieren der Ansicht

Erneut öffnet sich der Property-Manager **Modellansicht**. Wählen Sie die Trimetrische Ansicht und platzieren Sie diese mit Linksklick auf dem Zeichenblatt. Beachten Sie, dass die Liste der Ausrichtungen den im Teil oder Baugruppe gespeicherten benannten Ansichten entspricht. Legen Sie die Eigenschaften der einzufügenden Ansicht wie folgt fest. (Bild 2.4.94)

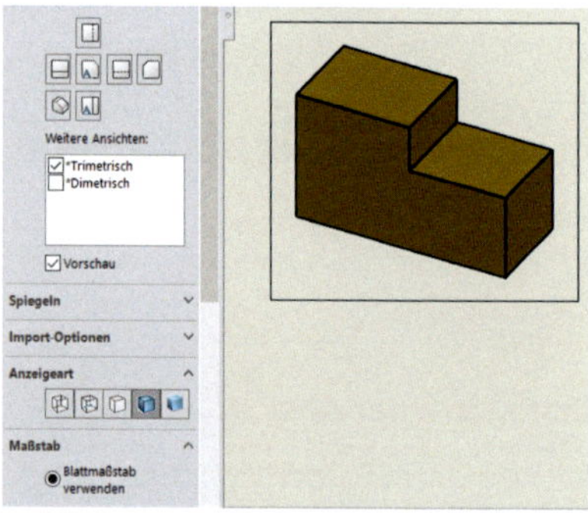

Bild 2.4.94

- Aktivieren Sie unter Ausrichtung die Checkbox **Trimetrisch**.
- Aktivieren Sie unter Ausrichtung die Checkbox **Vorschau**.
- Wählen Sie unter Anzeigeart **Schattiert mit Kanten**.
- Wählen Sie unter Maßstab **Blattmaßstab verwenden**.

► Modus „Blattformat bearbeiten“ aktivieren

Beenden Sie im PropertyManager **Zeichenansicht1** mit **OK** ✓. (Bild 2.4.95)

Klicken Sie anschließend mit der rechten Maustaste auf das Zeichenblatt und wählen Sie im Kontextmenü **Blattformat bearbeiten**.

Da Sie sich nun auf dem Blattformat befinden, werden alle Ansichten und Objekte auf dem Zeichenblatt ausgeblendet.

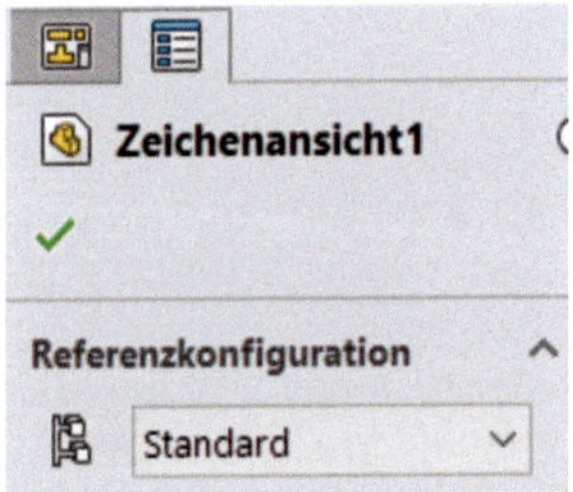

Bild 2.4.95

Verknüpfung zu Eigenschaft

Sie haben drei Möglichkeiten eine benutzerdefinierte Eigenschaft mit einem Bezugshinweis zu verknüpfen:

a) **<u>Aktuelles Dokument:</u>**
Eine Eigenschaft, die sich auf das Zeichnungsdokument selbst bezieht. (Bild 2.4.96)

b) **<u>Modell hier gefunden/ In Blatteigenschaften angegebene Zeichenansicht:</u>**
Ein Teil oder eine Baugruppe in einer Ansicht. (Bild 2.4.97)

c) **<u>Modell hier gefunden/ Ausgewählte Komponente oder andere Zeichnungsansicht:</u>**
Jede beliebige Komponenten- und Zeichnungsansicht aus dem Zeichenblatt oder jede beliebige Komponenten- und Zeichnungsansicht aus dem FeatureManager. (Bild 2.4.97)

Wenn Sie eine benutzerdefinierte Eigenschaft eines Teils in einen Bezugshinweis integrieren wollen, muss dieses Teil vorher als Ansicht in der Zeichnung platziert sein.

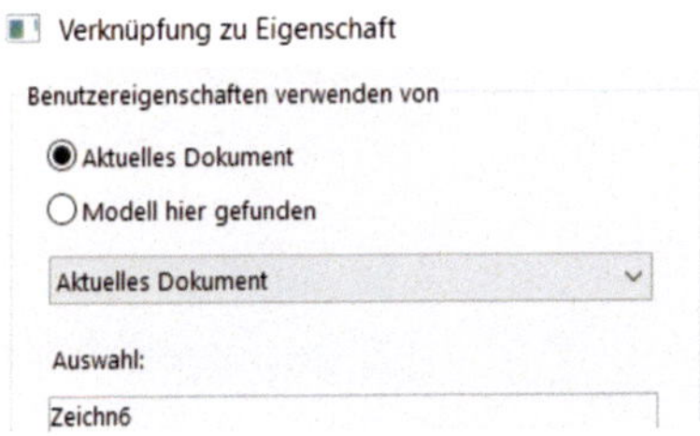

Bild 2.4.96

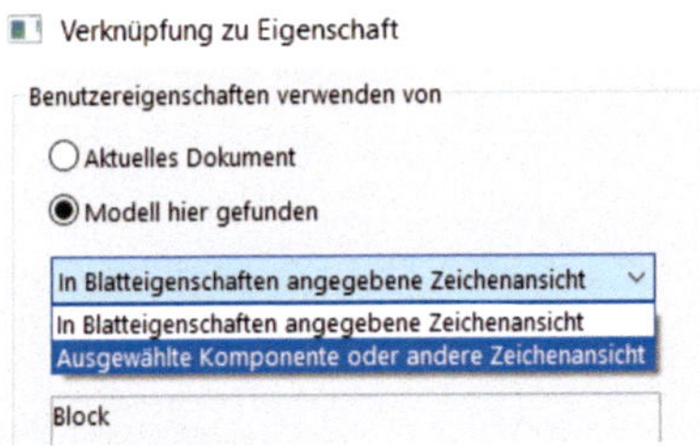

Bild 2.4.97

Zuweisen von Dateieigenschaften dem Zeichnungsdokument

Wählen Sie im Task-Fensterbereich die Registerkarte Benutzerdefinierte Eigenschaften. Klicken Sie anschließend direkt auf Anwenden um dem Zeichnungsdokument die benutzerdefinierten Eigenschaften selbst, aber einen Inhalt zuzuweisen. (Bild 2.4.98)

Anzeigen der zugewiesenen Dateieigenschaften

Lassen Sie sich die Dateieigenschaften des Zeichnungsdokuments anzeigen. Wählen Sie dazu unter dem Menüpunkt **Datei** den Eintrag **Eigenschaften...**, aktivieren Sie die Registerkarte **Benutzerdefiniert.** (Bild 2.4.99)

Dem Zeichnungsdokument sind die im Schritt 13 hinzugefügten benutzerdefinierten Eigenschaften aus der Eigenschaften-Registerkarte zugewiesen worden.

Bild 2.4.98

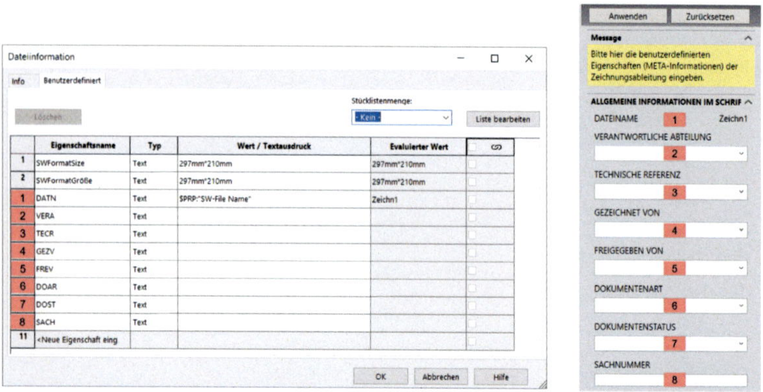

Bild 2.4.99

BENUTZERDEFINIERTE EIGENSCHAFTEN
BenutzerEigenschaft Zeichnung Ck2.drwprp

Nr.	Eigenschafts-name	Bedeutung
1	DATN	Dateiname
2	VERA	Angabe Verantwortliche Abteilung im Schriftfeld
3	TECR	Angabe Technische Referenz im Schriftfeld
4	GEZV	Angabe Gezeichnet von im Schriftfeld
5	FREV	Angabe Freigegeben von im Schriftfeld
6	DOAR	Angabe Dokumentenart im Schriftfeld
7	DOST	Angabe Dokumentenstatus im Schrift-feld
8	SACH	Angabe Sachnummer im Schriftfeld

▶ Verknüpfen des Bezugshinweises mit Zeichnungs-Eigenschaft

Öffnen Sie den leeren Bezugshinweis ⊠ unter `Verantwortl. Abteil.`. Klicken im PropertyManager **Bezugshinweis** im Feld **Textformat** auf **Verknüpfung zu Eigenschaft**. (Bild 2.4.100)

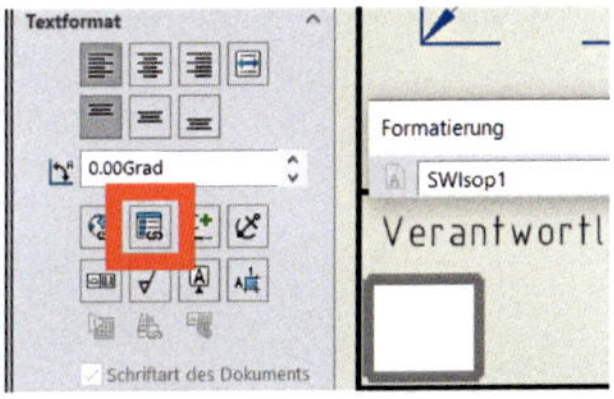

Bild 2.4.100

▶ Auswählen der Eigenschaft

Sie werden nun eine benutzerdefinierte Eigenschaft dem aktuellen Zeichnungsdokument mit einem Bezugshinweis verknüpfen. Klicken Sie dazu im Dialogfeld **Verknüpfung zu Eigenschaft** auf das Optionsfeld **Aktuelles Dokument** und wählen Sie unter **Name der Eigenschaft** im Auswahlfeld der vorhandenen Zeichnungseigenschaften den Eintrag `VERA`. (Bild 2.4.101, Bild 2.4.102)

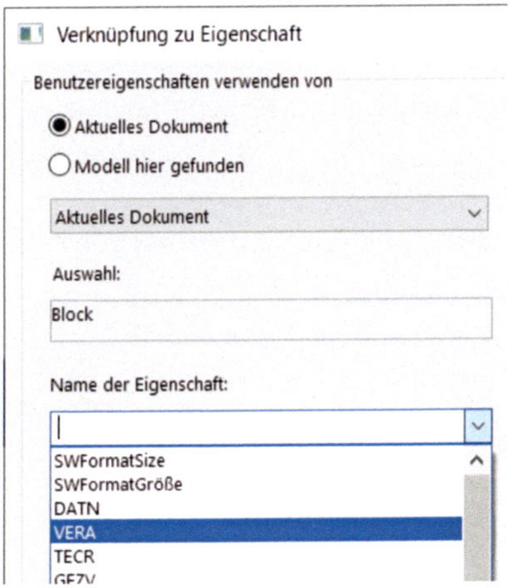

Bild 2.4.101

Klicken Sie auf **OK** und anschließend im PropertyManager **Bezugshinweis** erneut auf **OK** ✓.

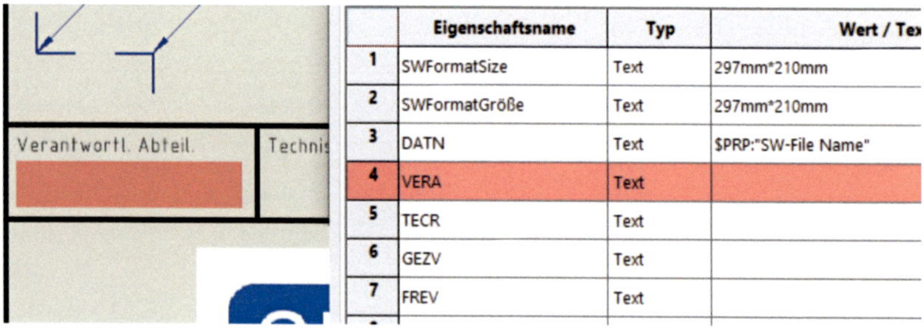

Bild 2.4.102

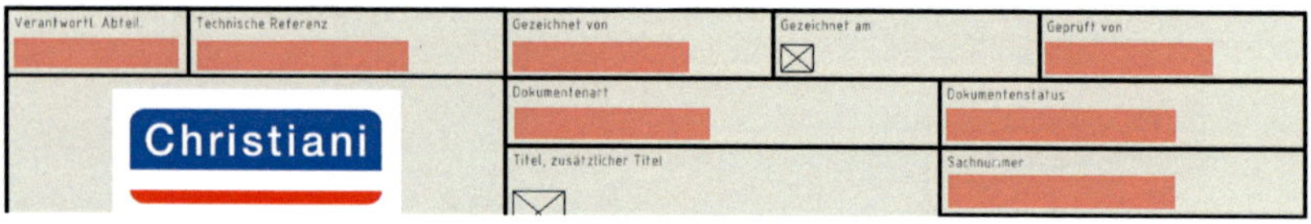

Bild 2.4.103

Wiederholen Sie die Schritte 15 und 16 für die leeren Bezugshinweise unter

`Technische Referenz,`

`Gezeichnet von,`

`Geprüft von,`

`Dokumentenart,`

`Dokumentenstatus und`

`Sachnummer.` (Bild 2.4.103)

Verknüpfen des Bezugshinweises mit Teil-Eigenschaft

Aktivieren Sie ggf. erneut das Blattformat und öffnen Sie den leeren Bezugshinweis ⊠ neben `Material:` . Klicken im PropertyManager **Bezugshinweis** im Feld **Textformat** auf **Verknüpfung zu Eigenschaft**.

Sie werden nun eine im Kapitel 2.4.6 Schritt 3 hinzugefügte benutzerdefinierte Eigenschaft der Komponente `Block.sldprt` mit einem Bezugshinweis verknüpfen.

Klicken Sie dazu im Dialogfeld **Verknüpfung zu Eigenschaft** auf das Optionsfeld **Modell hier gefunden** und wählen Sie im dazugehörigen Flyout-Menü **In Blatteigenschaften angegebene Zeichenansicht.**
Wählen Sie unter **Name der Eigenschaft** im Auswahlfeld der vorhandenen Teileigenschaften den Eintrag `MATE` aus. Klicken Sie auf **OK**. (Bild 2.4.104)

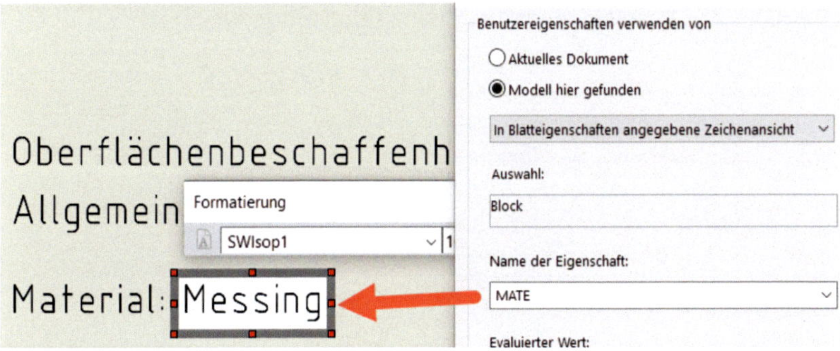

Bild 2.4.104

Bild 2.4.105

Wiederholen Sie diesen Schritt für den leeren Bezugshinweise neben `Masse:`. Ergänzen Sie abschließend den Bezugshinweis mit dem Zusatz `g` (für Gramm) hinter der benutzerdefinierten Eigenschaft. (Bild 2.4.105)

▶ Speichern des Blattformats

Klicken Sie auf **Datei, Blattformat speichern...**. Das Dialogfenster **Blattformat speichern** öffnet sich. Wechseln Sie in Ihren Ordner für Blattformate. Vergeben Sie dem Blattformat (A4, Hochformat, ISO 7200, Version 5) den Dateinamen `A4_H_ISO7200_V5.slddrt`. Klicken Sie auf **Speichern**.

Zuweisen von Dateieigenschaften dem Zeichnungsdokument

Wählen Sie im Task-Fensterbereich die Registerkarte Benutzerdefinierte Eigenschaften. Vergeben Sie dem Zeichnungsdokument die benutzerdefinierten Eigenschaften gemäß Bild 2.4.106. Klicken Sie anschließend auf Anwenden um dem Zeichnungsdokument die benutzerdefinierten Eigenschaften mit Inhalt zuzuweisen. Beachten Sie die Änderung der Bezugshinweise im Schriftfeld. (Bild 2.4.107)

Bild 2.4.106

Bild 2.4.107

Nachdem Sie die benutzerdefinierte Eigenschaft (**blaue** Schriftfarbe) hinzugefügt haben, wird die Variable für den Namen der Eigenschaft (in den Formen **$PRP: „*Name der Eigenschaft*"** oder **$PRPSHEET:„*Name der Eigenschaft*"**) in einem Tooltipp angezeigt, wenn Sie die Maus über den Bezugshinweis bewegen. (Bild 2.4.108)

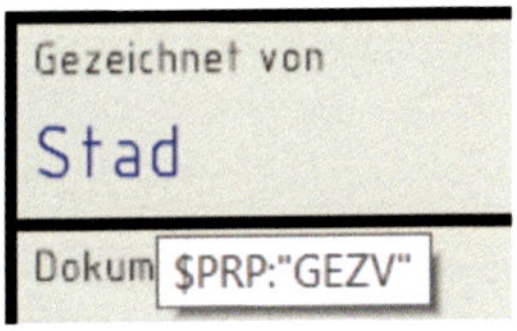

Bild 2.4.108

Wenn Sie den Bezugshinweis mit der Variable mit Doppelklick bearbeiten, können sie den Inhalt der Variable (`Stad`) oder den Variablennamen (`$PRP:"GEZV"`) einblenden. Wählen Sie dazu **Ansicht, Ausblenden/Einblenden, Verknüpfungsvariablen Beschriftung,** um den Variablennamen anzeigen zu lassen. (Bild 2.4.109)

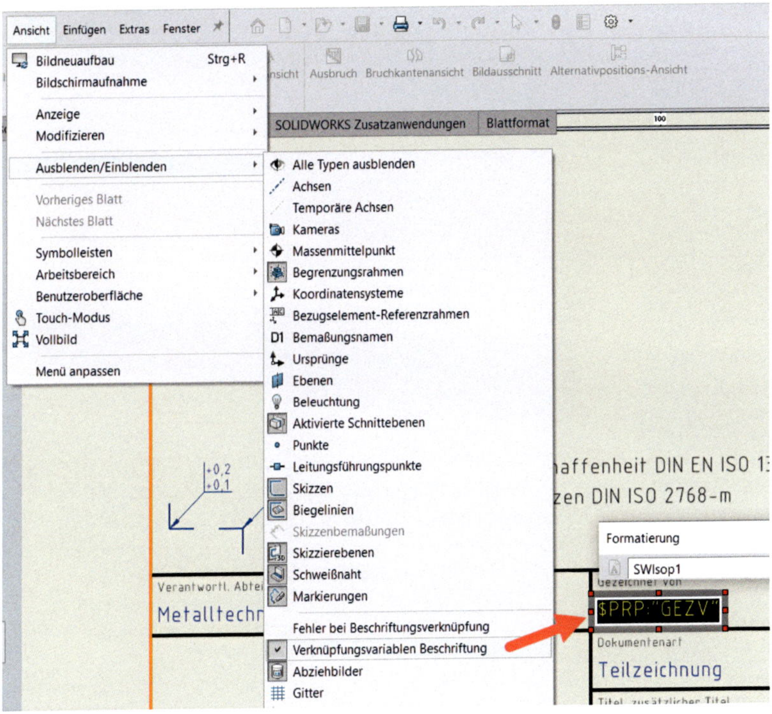

Bild 2.4.109

Schließen Sie SOLIDWORKS, ohne die Zeichnung zu speichern.

Neue Zeichnung mit Blattformat `A4_H_ISO7200_V5.slddrt` öffnen ◄

Erstellen Sie eine neue Zeichnung mit der Vorlage `Zeichnung Christiani (mm)` und dem aktivierten Blattformat `A4_H_ISO7200_V5.slddrt`. Schließen Sie den PropertyManager **Modellansicht** mit **Abbrechen** ✖.

Da in der aktuellen Zeichnung keine Komponente bzw. keine Baugruppe eingefügt ist, welche die benutzerdefinierten Eigenschaften `MATE` und `MASS` aufweisen bzw. keine benutzerdefinierten Eigenschaften dem Zeichnungsdokument zugewiesen wurden, bleiben die Felder mit den benutzerdefinierten Eigenschaften aus Schritt 17 und 19, bis auf das `g` beim Bezugshinweis **`Masse:`** leer. (Bild 2.4.110)

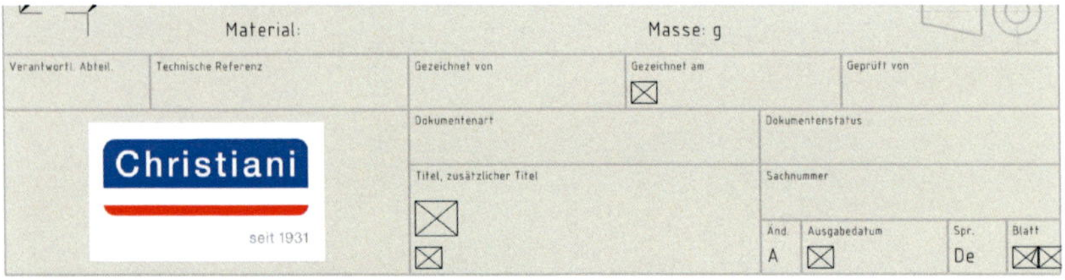

Bild 2.4.110

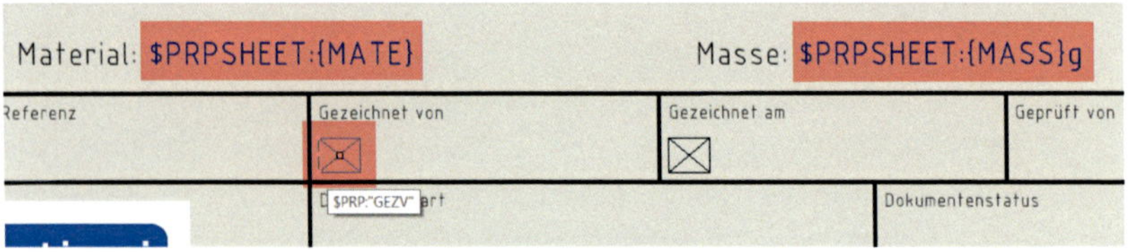

Bild 2.4.111

Öffnen Sie das Blattformat, wird Ihnen unter anderem der Bezugshinweis mit dem Variablennamen **`$PRPSHEET:{MATE}`** bzw. bei einer Mouse-Over Bewegung der Variablenname **`$PRP:"GEZV"`** angezeigt. (Bild 2.4.111)

> Sie können die Eigenschaften-Registerkartenvorlagen `BenutzerEigenschaft Teil Ck2.prtprp` und `BenutzerEigenschaft Zeichnung Ck2.drwprp` natürlich auch für schone vorhandene **Teile** bzw. **Zeichnungen** verwenden.

Zwischenbetrachtungen ◄

Video 2.14 zeigt Ihnen das Einfügen von benutzerdefinierten Eigenschaften.

▶ Auswählen von Standard-Eigenschaften

Eigenschaften in Vorlagen und Blattformaten

Die von SOLIDWORKS mitgelieferten Zeichnungs- und Blattformatvorlagen enthalten Bezugshinweise, die mit Standard- bzw. spezifischen Eigenschaften verknüpft sind. Die von den Bezugshinweisen benutzten Informationen stammen unter anderem aus den **Eigenschaften** der Teile oder Baugruppen, die in der Ansicht oder im Zeichenblatt selbst verwendet werden.

SOLIDWORKS Standarddateieigenschaften (Auswahl)

Description	PartNo	GezeichnetVon
Material	Weight	DatumTechnischeGenehmigung
Maßeinheit	Number	TechnischeGenehmigung
Gruppe	Firmenname	Oberflächenverarbeitung
Quelle	MakeOrBuy	Entwicklungszeit
GeprüftAm	Kunde	Kosten - Materialkosten
Autor	Händler	Kosten - Herstellungskosten
Status	Eigentümer	Kosten - Gesamtkosten
Projekt	StockSize	Kosten - Rohteiltyp
Abteilung	Revision	Fertigungsdatum
GeprüftVon	GezeichnetAm	SW-Part Number

SOLIDWORKS spezifische Eigenschaften (Zeichnungseigenschaften)

SW-Autor
SW-Schlüsselwörter
SW-Anmerkung
SW-Titel
SW-Betreff
SW-Erstellungsdatum
SW-Datum der letzten Speicherung
SW-letzte Speicherung durch

Bild 2.4.112

<table>
<tr><td>SW-Blattname</td><td rowspan="4">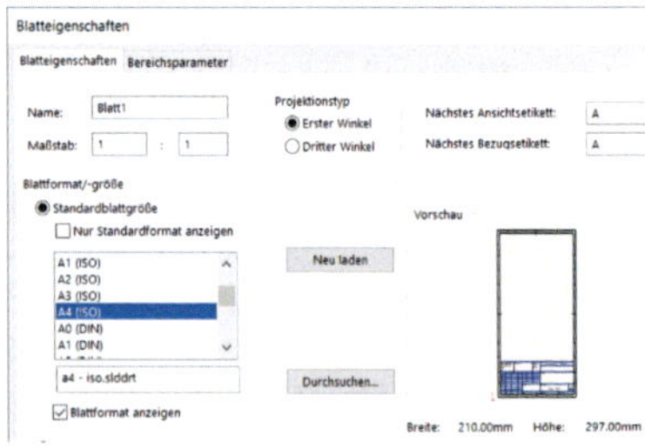

Bild 2.4.113</td></tr>
<tr><td>SW-Vorlagengröße</td></tr>
<tr><td>SW-Blattmaßstab</td></tr>
<tr><td>SW-Blattformatgröße</td></tr>
<tr><td>SW-Dateiname</td><td rowspan="2"></td></tr>
<tr><td>SW-Ordnername</td></tr>
<tr><td>SW-Langes Datumsformat</td><td>Format: Montag, 6. März 2023</td></tr>
<tr><td>SW-kurzes Datumsformat</td><td>Format: 06.03.23</td></tr>
<tr><td>SW-aktuelles Blatt</td><td>
</td></tr>
<tr><td>SW-Gesamtzahl der Blätter</td><td>Gesamtzahl der Blätter in der Zeichnungsdatei</td></tr>
</table>

Neben den erstellten benutzerdefinierten Eigenschaften in der Zeichnungsvorlage lassen sich auch Standardeigenschaften der Vorlage mit Bezugshinweisen verknüpfen.

Sie werden folgende Standard-Eigenschaften der aktuellen Zeichnung mit den verbleibenden leeren Bezugshinweis verknüpfen.

- SW-Erstellungsdatum
- SW-Dateiname
- SW-Kurzes Datumsformat
- SW-Aktuelles Blatt
- SW-Gesamtzahl der Blätter

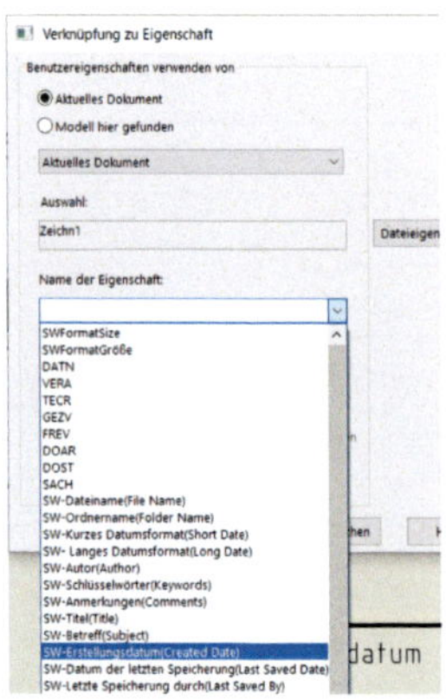

Bild 2.4.114

Öffnen Sie den leeren Bezugshinweis ☒ unter Gezeichnet am. Klicken im PropertyManager **Bezugshinweis** im Feld **Textformat** auf **Verknüpfung zu Eigenschaft**. Klicken Sie im Dialogfeld **Verknüpfung zu Eigenschaft** auf das Optionsfeld **Aktuelles Dokument** und wählen Sie unter **Name der Eigenschaft** im Auswahlfeld den Eintrag SW-Erstellungsdatum(Created Date). (Bild 2.4.114) Beachten Sie das Datumsformat. (Bild 2.4.115) Klicken Sie auf **OK** und anschließend im PropertyManager **Bezugshinweis** erneut auf **OK** ✓.

Öffnen Sie die fehlenden leeren Bezugshinweise, wählen Sie **Verknüpfung zu Eigenschaft** , dann im Dialogfeld **Verknüpfung zu Eigenschaft** das Optionsfeld **Aktuelles Dokument.** Im aufklappenden Auswahlfeld klicken Sie die benötigten Standardeigenschaften an, um Sie mit dem jeweiligen Bezugshinweis zu verknüpfen. (Bild 2.4.116, Bild 2.4.117)

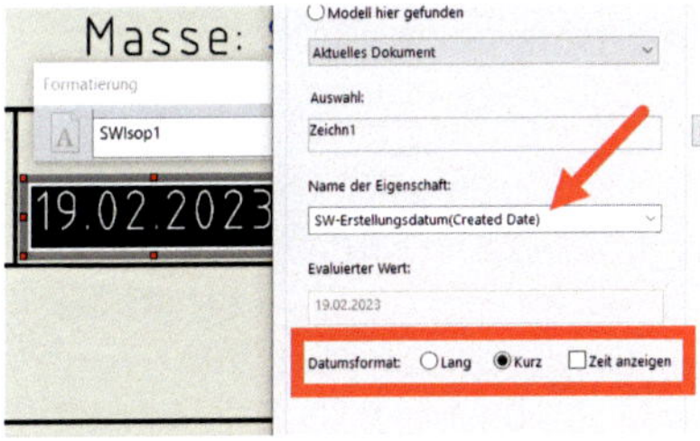

Bild 2.4.115

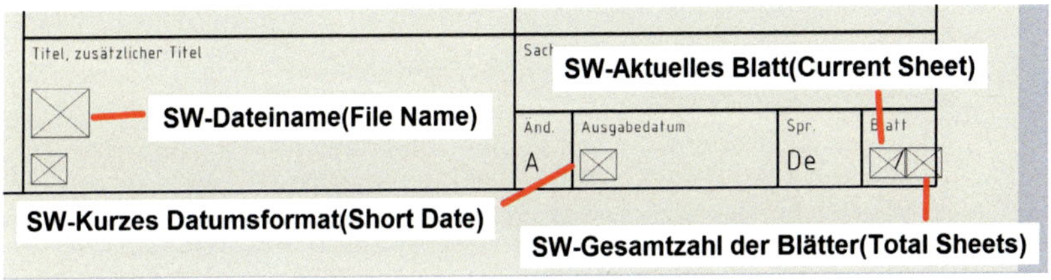

Bild 2.4.116

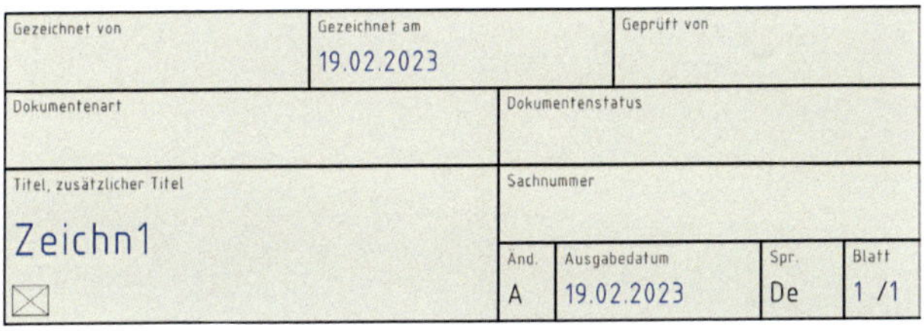

Bild 2.4.117

Klicken Sie abschließend im PropertyManager Bezugshinweis auf OK ✓.

► Speichern des Blattformats

Klicken Sie auf **Datei, Blattformat speichern....** Das Dialogfenster **Blattformat speichern** öffnet sich. Wechseln Sie in Ihren Ordner für Blattformate. Vergeben Sie dem Blattformat (A4, Hochformat, ISO 7200, Version 6) den Dateinamen `A4_H_ISO7200_V6.slddrt.` Klicken Sie auf **Speichern** und schließen Sie SOLIDWORKS, ohne die Zeichnung bzw. das Modell zu speichern.

Überprüfung des erstellten Blattformats

Starten Sie SOLIDWORKS und führen Sie die folgenden Aktionen aus:

a) Öffnen Sie eine neue Zeichnung über die Vorlage `Ck2 Zeichnung Christiani (mm)`.

b) Wählen Sie das Blattformat `A4_H_ISO7200_V6.slddrt`.

c) Öffnen Sie im PropertyManager **Modellansicht** unter **Durchsuchen** die Komponente `Block.sldprt`.

d) Positionieren Sie eine beliebige Ansicht des Teils `Block` auf dem Zeichenblatt.

e) Vergeben Sie beliebige benutzerdefinierte Eigenschaften der Eigenschaften-Registerkarte `BenutzerEigenschaft Zeichnung Ck2.drwprp`

f) Beenden Sie den PropertyManager mit **OK** ✓.

Überprüfen Sie, abgesehen vom Datum, Ihr Schriftfeld. (Bild 2.4.118)

Beenden Sie bei erfolgreicher Überprüfung SOLIDWORKS, ohne die Zeichnung zu speichern.

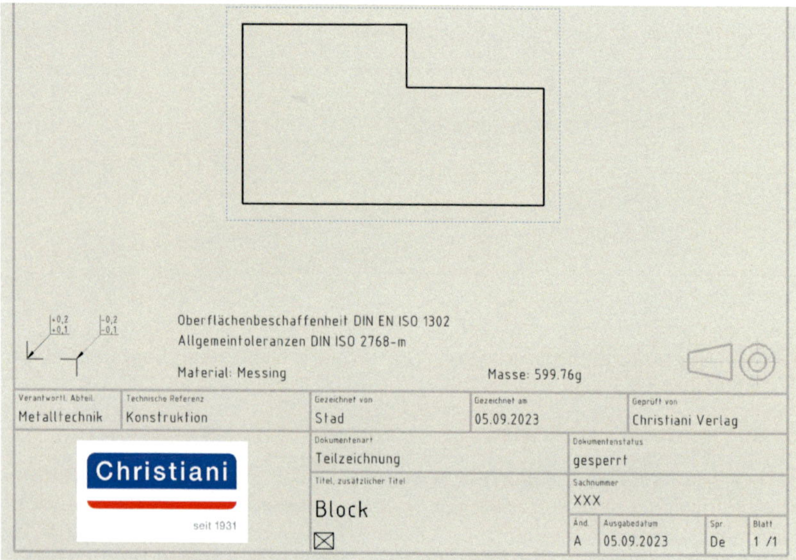

Bild 2.4.118

Nachbetrachtungen

Video 2.15 zeigt Ihnen das Einfügen von benutzerdefinierten Eigenschaften (Schritte 22–24).

2.4.8 Erweitern des Blattformats mit der Maßstabsangabe

Erweitern Sie mit den zuvor erlernten Techniken das Blattformat `A4_H_ISO7200_V6.slddrt` um die Maßstabsangabe (Abbildungen 2.4.119 und 2.4.120). Vergeben Sie für den leeren Bezugshinweis des Maßstabes keine Eigenschaft.

Bild 2.4.119

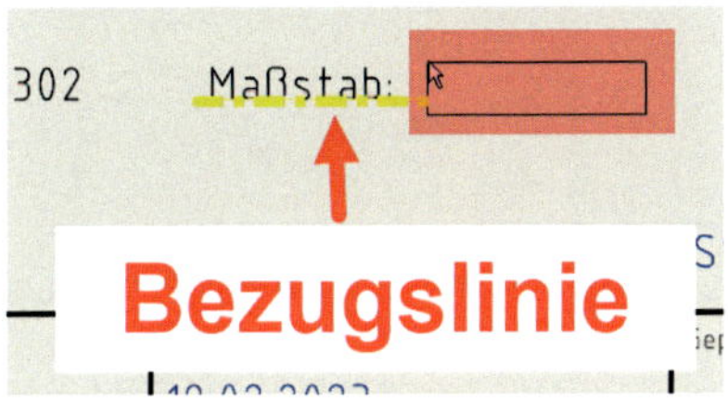

Bild 2.4.120

2.4.9 Definieren und Bearbeiten von Titelblöcken

Titelblöcke

Titelblöcke werden erstellt oder bearbeitet, um einem Zeichnungsersteller Gelegenheit zu geben, Eigenschaften oder Bezugshinweise vom Blattformat auf dem Zeichenblatt zu ändern. Titelblockfelder werden durch ein editierbares blaues Rechteck dargestellt. (Bild 2.4.121)

Bild 2.4.121

▶ Definieren eines Titelblocks

Klicken Sie im FeatureManager unter **Blatt1** mit der rechten Maustaste auf **Blattformat1** und wählen aus dem Kontextmenü **Titelblockfelder...** aus. (Bild 2.4.122)

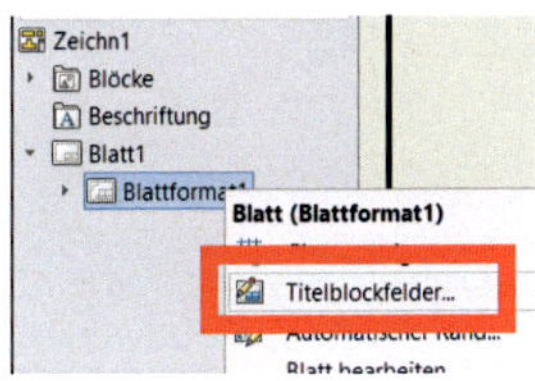

Bild 2.4.122

▶ Größe des Titelblocks festlegen

Ziehen Sie den linken oberen Eckpunkt des Rahmens auf die markierte Stelle, um die Größe des Rechtecks festzulegen, dass den Titelblockbereich definiert. (Bild 2.4.123)

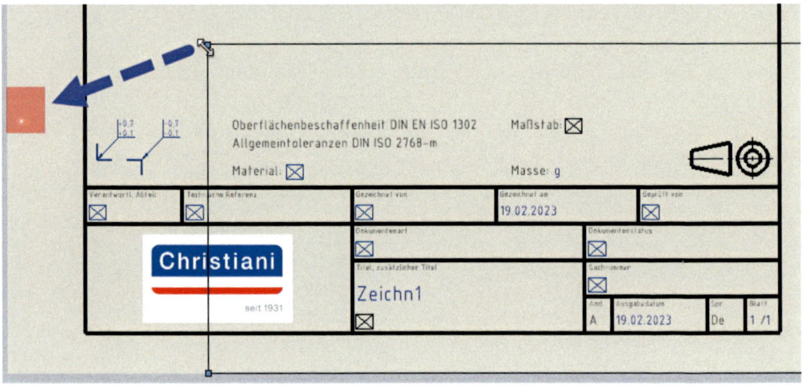

Bild 2.4.123

> Das aufgezogene Rechteck legt den Bereich fest, auf den der Zeichnungsersteller klickt, um die Daten im Titelblock einzugeben. Das Rechteck kann eine beliebige Größe haben.

Auswählen der Bezugshinweise

Wählen Sie die markierten Bezugshinweise im definierten Titelblock als Textfelder aus. Diese werden im PropertyManager **Titelblocktabelle** unter dem Feld **Textfelder** der Reihe nach aufgeführt. Vergeben Sie den Tooltipps als Namen jeweils die Überschriften der einzelnen Bezugshinweise. Beenden Sie den PropertyManager mit **OK** ✓. (Bild 2.4.124)

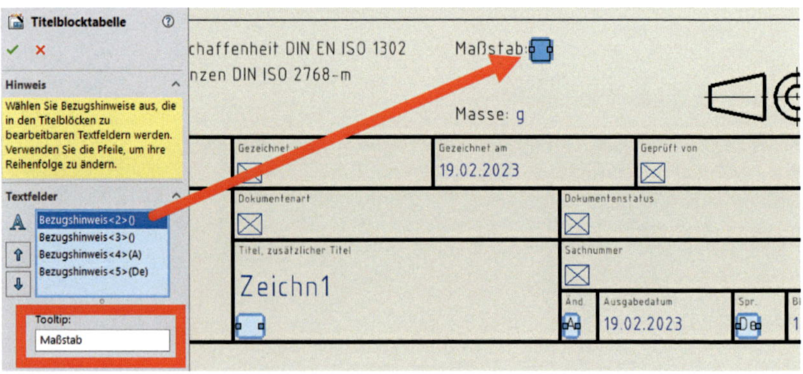

Bild 2.4.124

Über die Pfeile ⬆ oder ⬇ lassen sich die ausgewählten Bezugshinwiese im Feld **Textfelder** neu anordnen. Die Reihenfolge der Bezugshinweise bestimmt die Reihenfolge, in der die Bezugshinweise dem Zeichnungsersteller angezeigt werden.

Falls Sie die Titelblocktabelle bearbeiten wollen, klicken Sie im FeatureManager unter **Blatt, Blattformat1** mit der rechten Maustaste auf **Titelblocktabelle1** und wählen im Kontextmenü **Titelblockfeldern**. (Bild 2.4.125)

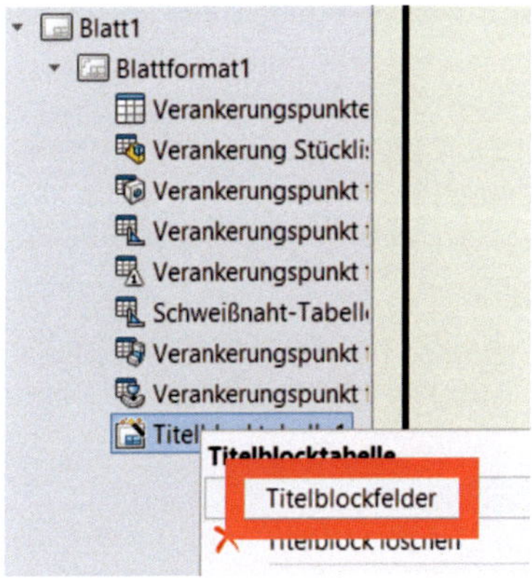

Bild 2.4.125

2.4.10 Erweitern des Blattformats mit einer Lochmarke

Erweitern Sie mit den zuvor gelernten Techniken das Blattformat um eine Lochmarke.
Als **Linienstärke** ☰ für die Lochmarke wählen Sie **0,1mm**, die Breite der Linie beträgt **12,5mm,** der Abstand von linken Rand **5mm**. Fixieren Sie die Lochmarke. (Bild 2.4.126)

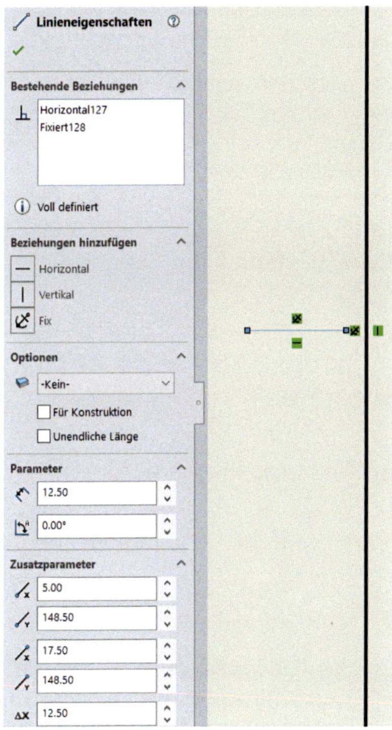

Bild 2.4.126

▶ Speichern des Blattformats

Klicken Sie auf Datei, Blattformat speichern…. Das Dialogfenster Blattformat speichern öffnet sich. Wechseln Sie in Ihren Ordner für Blattformate. Vergeben Sie dem Blattformat (A4, Hochformat, ISO 7200, Version 7) den Dateinamen `A4_H_ISO7200_V7.slddrt`. Klicken Sie auf **Speichern** und Schließen Sie SOLIDWORKS, ohne die Zeichnung zu speichern.

▶ Nachbetrachtungen

Video 2.16 zeigt Ihnen die Erweiterung des Blattformats mit der Maßstabsangabe, das Definieren und Bearbeiten von Titelblöcken sowie die Erweiterung des Blattformats mit einer Lochmarke.

2.4.11 Fixierung aller Bezugshinweise

Symbolleiste Auswahlfilter

In SOLIDWORKS ist es möglich über **Auswahlfilter** nur bestimmte Objekttypen (z. B. Flächen, Kanten, Ecken, Bezugshinweise) auf dem Zeichenblatt oder im Grafikbereich auszuwählen.

Zugriff:

- Wählen Sie **Ansicht**, **Symbolleisten**, **Auswahlfilter**.
- Drücken Sie die **F5**-Taste auf Ihrer Tastatur.

Durch die folgenden Schaltflächen können Sie das Verhalten der Auswahlfilter bestimmen:

Auwahlfilter ein- / ausschalten – Schaltet die ausgewählten Filter ein oder aus. Sie können auch die **F6**-Taste drücken

Alle Filter ausblenden – Deaktiviert alle ausgewählten Filter.

Alle Filter auswählen – Aktiviert alle Filter.

Auswahl invertieren – Alle anderen Elemente, die den ausgewählten Elemente ähnlich sind (z. B. Flächen, Kanten, Eckpunkte) werden ausgewählt, und die ursprüngliche Auswahl wird deaktiviert.

Die restlichen Schaltflächen auf der Auswahlfilter-Symbolleiste sind Filter. Wenn ein Auswahlfilter aktiv ist, ändert sich der Zeiger in . Befindet sich der Zeiger in der Nähe eines gefilterten Elements, enthält der Zeiger das Symbol für dieses Element, z. B. ein Bezugshinweis .

Neue Zeichnung mit Blattformat `A4_H_ISO7200_V7.slddrt` öffnen ◄

Erstellen Sie eine neue Zeichnung mit der Vorlage `Zeichnung Christiani (mm)` und dem aktivierten Blattformat `A4_H_ISO7200_V7.slddrt`. Schließen Sie den PropertyManager **Modellansicht** mit **Abbrechen** ✕ und bearbeiten Sie das Blattformat.

Auflösen des Blocks `Werkstückkanten` ◄

Markieren Sie den Block `Werkstückkanten` und klicken Sie auf der Block-Symbolleiste auf **Block auflösen** . (Bild 2.4.127)

Verwendung der Auswahlfilter-Symbolleiste ◄

Drücken Sie die **F5**-Taste auf Ihrer Tastatur. Wählen Sie anschließend den Filter **Bezugshinweise/Stücklistensymbole**. Der Mauszeiger zeigt das Mausfeedback **Auswahlfilter**. (Bild 2.4.128)

Bild 2.4.127

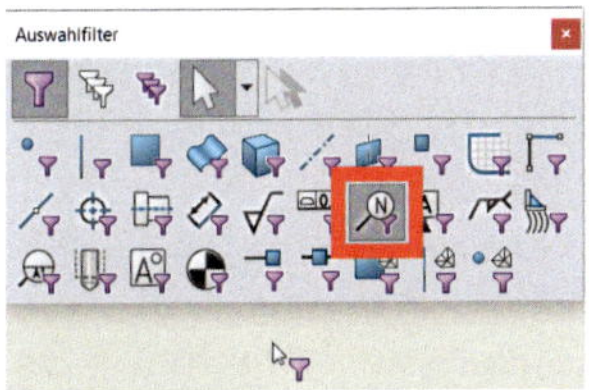

Bild 2.4.128

▶ **Markierung aller Bezugshinweise des Schriftfeldes**

Ziehen Sie einen Rahmen über das gesamte Schriftfeld des Blattformats, inklusive der aller Angaben über dem Schriftfeld (Bild 2.4.129)

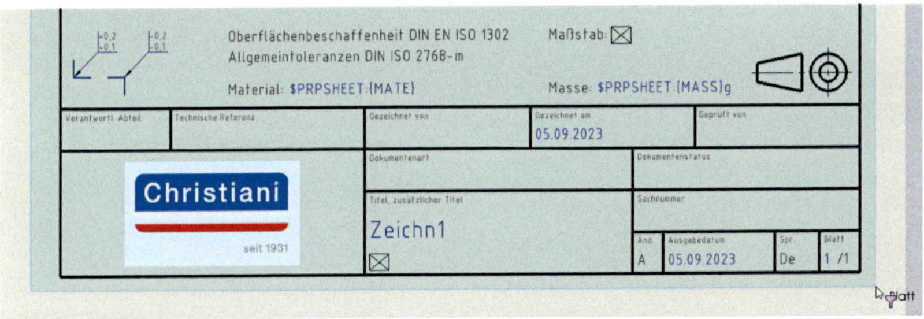

Bild 2.4.129

Klicken Sie anschließend im PropertyManager **Bezugshinweis** im Feld **Textformat** auf **Bezugshinweis sperren/ Sperrung aufheben**. (Bild 2.4.130)

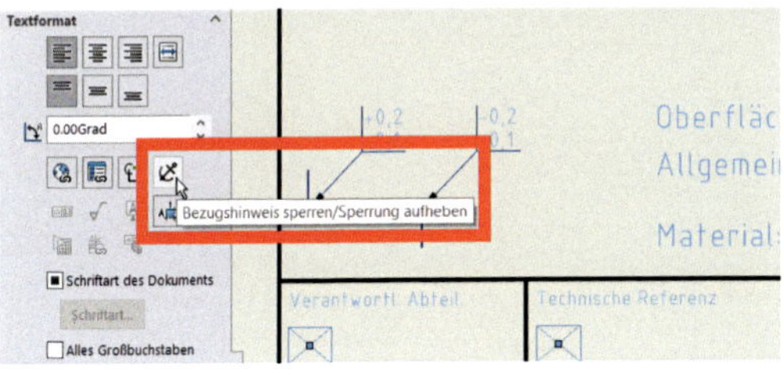

Bild 2.4.130

Vollständige Fixierung des Blocks `Werkstückkanten`

Deaktivieren Sie den Filter **Bezugshinweise/Stücklistensymbole**. Markieren Sie die beiden markierten Linien des Blocks Werkstückkanten und klicken anschließend im PropertyManager **Eigenschaften** im Feld **Beziehung hinzufügen** auf **Fix.** (Bild 2.4.131)

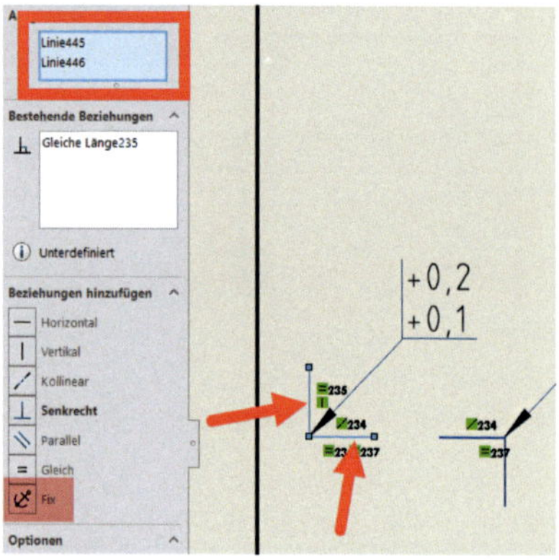

Bild 2.4.131

Mit diesem Schritt sind nun neben den Objekten Linien und Blöcken auch alle Bezugshinweise auf dem Blattformat fixiert, sodass unbeabsichtigte Verschiebungen der Objekte nicht mehr möglich sind.

Blenden Sie anschließend die Auswahlfilter-Symbolleiste durch Drücken der **F5**-Taste aus.

Speichern des endgültigen Blattformats

Klicken Sie abschließend auf **Datei, Blattformat speichern....** Vergeben Sie dem Blattformat den Dateinamen `A4_H_ISO7200.slddrt`. Klicken Sie auf **Speichern** und Schließen Sie SOLIDWORKS, ohne die Zeichnung zu speichern.

Nachbetrachtungen

Video 2.17 zeigt Ihnen die Fixierung aller Objekte sowie das Speichern des endgültigen Blattformats.

2.5 Erstellung eines Blattformats A4 Querformat mit Schriftfeld

In den nächsten Schritten werden Sie ein DIN A4 Blatt im Querformat mit einem Schriftfeld nach DIN EN ISO 7200 erstellen. Die benötigten Linien, Bezugshinweise und Blöcke werden aus dem Blattformat `A4_H_ISO7200.slddrt` übernommen.

2.5.1 Vorbereiten des Blatts DIN A4 Querformat

▶ Neue Zeichnung öffnen

Klicken Sie auf **Neu** . Erstellen Sie eine neue **Zeichnung**, indem Sie die Vorlage `Ck2 Zeichnung Christiani (mm)` auswählen und auf **OK** klicken.

▶ Blattgröße A4 mit Blattformat auswählen

Das Dialogfenster **Blattformat/-größe** wird eingeblendet. Wählen Sie das Optionsfeld **Standardblattgröße** und deaktivieren Sie die Checkbox **Nur Standardformate anzeigen**. Klicken Sie im Auswahlfenster auf die **Blattgröße** `A4 (ANSI) Querformat` und überprüfen Sie **Breite** und **Höhe** des ausgewählten Blattes. Aktivieren Sie die Checkbox **Blattformat anzeigen** und klicken abschließend auf **OK**. (Bild 2.5.1)

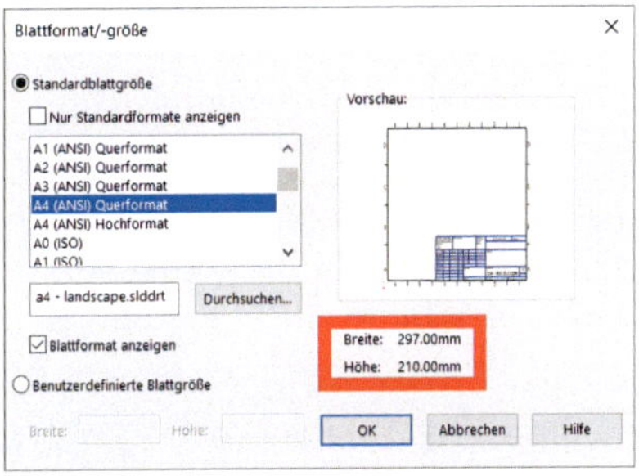

Bild 2.5.1

▶ Modus „Blattformat bearbeiten“ aktivieren

Schließen Sie den PropertyManager **Modellansicht** mit **Abbrechen** ✗. Klicken Sie mit der rechten Maustaste auf das Zeichenblatt und wählen Sie im Kontextmenü **Blattformat bearbeiten**.

▶ Löschen aller Objekte des Blattformats

Markieren Sie alle Objekte des Schriftfeldes und löschen diese über den Befehl ✗ Löschen aus dem Kontextmenü.

Den Rahmen des Blattformates löschen Sie über die tiefe Ordnerstruktur des **FeatureManagers**. Wählen Sie dazu aus dem Kontextmenü von **Rahmen1** unter **Blatt1, Blattformat1** ✗ Rand löschen .

Skizzieren Sie ein Rechteck

Überprüfen Sie, ob der **Farbanzeigemodus** aktiviert ist. Zur Erstellung der A4 Zeichenfläche klicken Sie in der Skizze-Symbolleiste auf das Dreieck neben dem Werkzeug Rechteck und wählen Eckenrechteck . Beginnen Sie im oberen linken Bereich des Blatts und ziehen Sie das Rechteck in den unteren rechten Bereich auf. Die endgültige Größe des Rechtecks wird später über die Bemaßung definiert. (Bild 2.5.2)

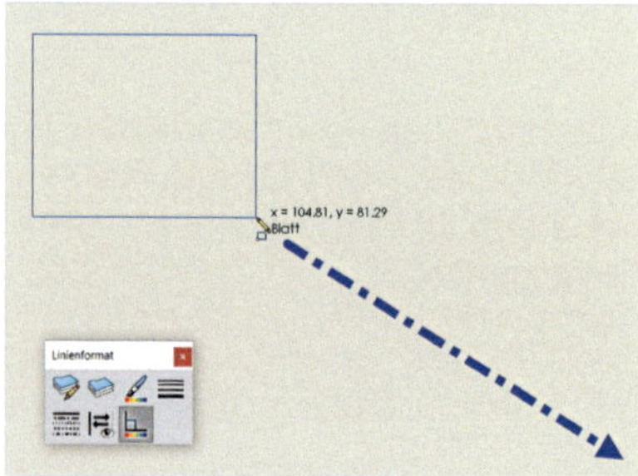

Bild 2.5.2

Linienstärken einstellen

Der soeben erstellte Rahmen ist weiterhin markiert. Wählen Sie in der Linienformat-Symbolleiste unter **Linienstärke** den dritten Eintrag (**0,35mm**) aus. Beenden Sie den PropertyManager **Linieneigenschaften** mit **OK** ✓.

Fügen Sie lineare Bemaßungen hinzu

Wählen Sie auf der Skizze-Symbolleiste das Bemaßungswerkzeug **Intelligente Bemaßung** aus und bemaßen Sie das Rechteck mit der Breite **277mm** und der Höhe **180mm**. Beenden Sie das Bemaßungswerkzeug.

Position des Rechtecks 277 × 180 festlegen

Nachdem Sie die A4 Zeichenfläche **277x180** festgelegt haben, muss das Rechteck auf dem Blatt noch positioniert werden. Der Abstand der Zeichenfläche zum oberen Blattrand beträgt **20mm**, die Abstände zu den anderen Blatträndern betragen **10mm**.

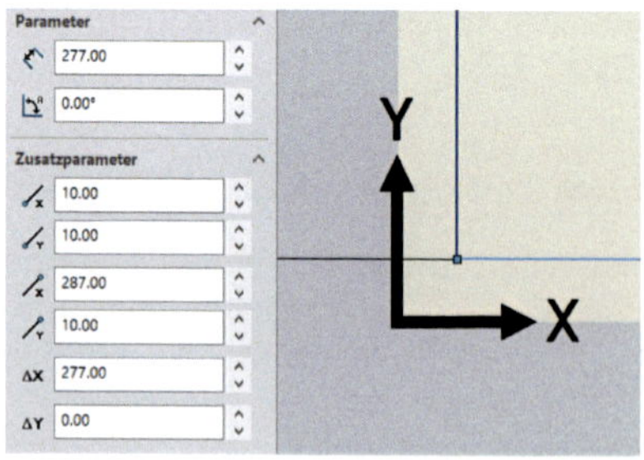

Bild 2.5.3

Wählen Sie die untere horizontale Linie Ihres Rechtecks aus. Vergeben Sie im Feld Zusatzparameter des PropertyManager Linieneigenschaften die X- und Y-Koordinaten der Linienanfangs- und Linienendpunkte gemäß der Abbildung (Bild 2.5.3). Beachten Sie den Nullpunkt in der linken unteren Ecke des Blatts. Überprüfen Sie die Zusatzparameter der linken vertikalen Linie.

▶ Fixieren des Rechtecks 277 × 180

Nach der Festlegung der Rechteckparameter weisen die Linien des Rechtecks immer noch den Status Unterdefiniert auf. Markieren Sie über die **Strg**-Taste die obere und die linke Linie des Rechtecks. Fügen Sie im PropertyManager **Eigenschaften** unter **Beziehung hinzufügen** die Beziehung **Fix** hinzu. Die Linien des Rechtecks haben Ihre Linienfarbe von blau in **schwarz** (Status **Voll definiert**) verändert. (Bild 2.5.4)

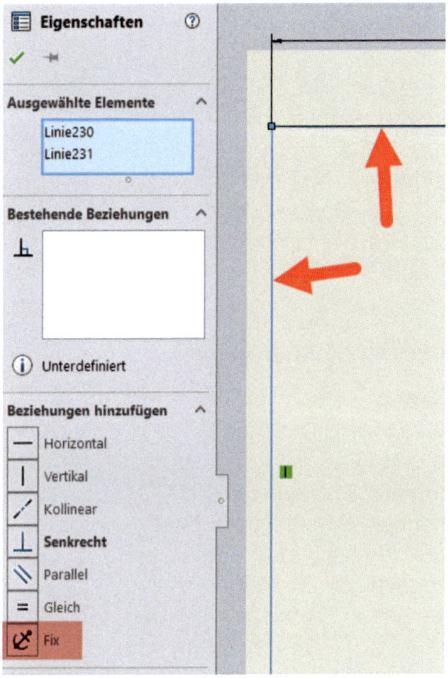

Bild 2.5.4

▶ Löschen der unteren Linie

Klicken Sie die untere Linie des erstellten Rechtecks an und drücken Sie die **Entf**-Taste auf Ihrer Tastatur, alternativ im Kontextmenü auf ✖ **Löschen**. Sie benötigen diese Linie nicht mehr, da die fehlende untere Linie später über das kopierte Schriftfeld aus dem Blattformat `A4_H_ISO7200.slddrt` hinzugefügt wird. (Bild 2.5.5)

Bild 2.5.5

Erstellen der Lochmarke

Erweitern Sie das Blattformat um eine Lochmarke. Als **Linienstärke** für die Lochmarke wählen Sie **0,1mm**, die Höhe der Linie beträgt **12,5mm**, der Abstand vom oberen Rand **5mm**. Fixieren Sie die Lochmarke. (Bild 2.5.6)

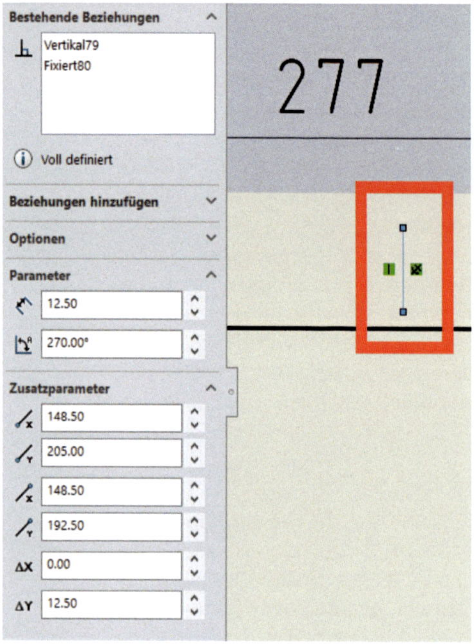

Bild 2.5.6

Ausblenden der Bemaßung

Klicken Sie auf **Ansicht, Ausblenden/Einblenden, Beschriftung**. Das Mausfeedback ändert sich in. Klicken Sie die zwei Bemaßungen an, die Farbe der Bemaßungen ändert sich in grau. Beenden Sie den Modus **Beschriftung** mit der **Esc**-Taste, das Mausfeedback ändert sich wieder in.

Speichern des Blattformats

Klicken Sie auf **Datei, Blattformat speichern...**. Vergeben Sie dem Blattformat (A4, Querformat, ISO 7200, Version 1) den Dateinamen `A4_Q_ISO7200_V1.slddrt`. Klicken Sie auf **Speichern**.

Nachbetrachtungen

Video 2.18 zeigt Ihnen das Vorbereiten des Blatts DIN A4 Querformat.

2.5.2 Vorbereiten der Inhalte des Blattformats `A4_Q_ISO7200.slddrt`

▶ Blattformat öffnen

Erstellen Sie eine weitere Zeichnung mit der Vorlage `Zeichnung Christiani (mm)` und dem aktivierten Blattformat `A4_H_ISO7200.slddrt` (→ Zeichnung 2). Schließen Sie den PropertyManager **Modellansicht** mit **Abbrechen** ✕. Öffnen Sie das Blattformat über **Bearbeiten, Blattformat**.

▶ Markieren des Schriftfeldes

Markieren über einen von rechts nach links aufgezogenen Rahmen (Bild 2.5.7) das komplette Schriftfeld, inklusive der Bezugshinweise über dem Schriftfeld und der linken Linie des Rahmens, aber ohne die rechte Rahmenlinie. Beachten Sie, dass die Bilddatei nicht mit markiert wird. (Bild 2.5.8)

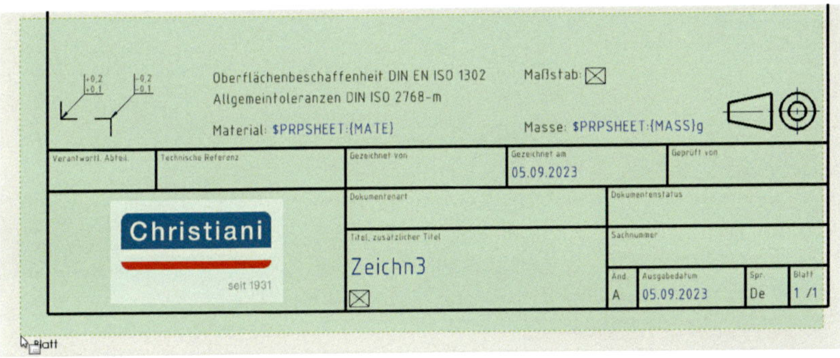

Bild 2.5.7

Bild 2.5.8

Erstellen des Blocks `Schriftfeld`

Klicken Sie auf **Extras**, **Block**, **Erstellen** und erstellen Sie einen **Block**. Unter **Blockelemente** im PropertyManager **Block erstellen** sind alle markierten Linien und Bezugshinweise aufgeführt. Öffnen Sie das Feld **Einfügepunkte**. Setzen Sie den Ziehpunkt für die **Anfügung der Hinweislinie** und den blauen **Ursprung** auf das rechte Ende der unteren horizontalen Rahmenlinie. Klicken Sie auf **OK**. (Bild 2.5.9)

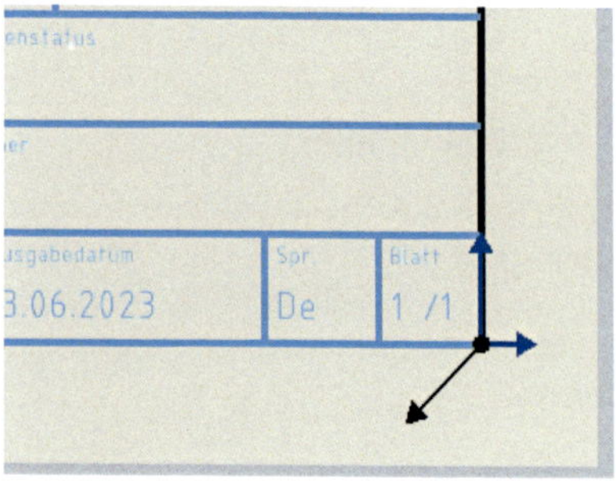

Bild 2.5.9

Bestätigen Sie das SOLIDWORKS Dialogfenster mit **OK**. Die Titelblöcke für das Blatt **DIN A4 Querformat** müssen später neu definiert werden. (Bild 2.5.10)

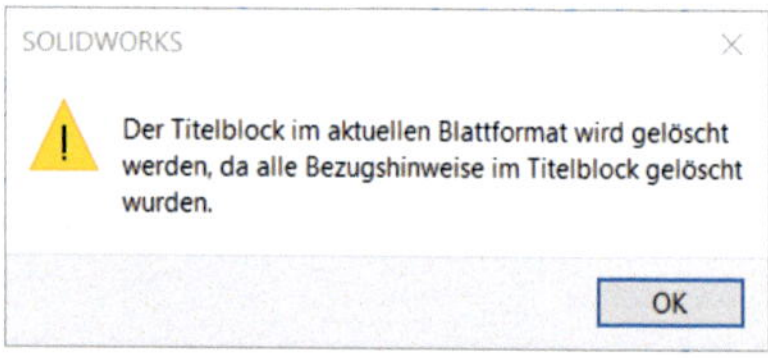

Bild 2.5.10

Speichern des erstellten Blocks

Nach dem Erstellen des **Blocks** wird dieser in der Zeichnung im Ordner **Blöcke** gespeichert. Klicken Sie im FeatureManager auf das Dreieck vor dem Eintrag **Blöcke** und anschließend auf Block1. Drücken Sie die F2-Taste und benennen Sie diesen Block um in `Schriftfeld`.

Klicken Sie mit der rechten Maustaste auf den noch markiertem Blockeintrag `Schriftfeld` und wählen Sie im Kontextmenü **Block speichern....** (Bild 2.5.11)

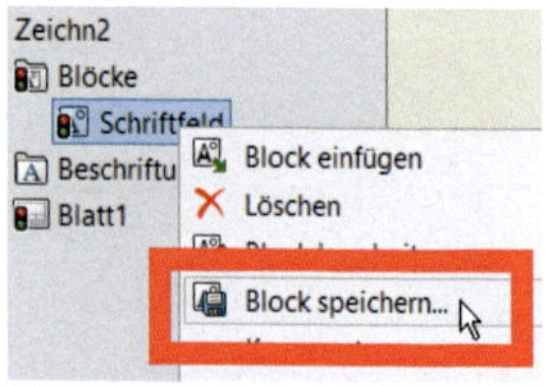

Bild 2.5.11

Das Dialogfeld **Speichern unter** wird angezeigt. SOLIDWORKS wechselt in den Standardordner für **Blöcke**. SOLIDWORKS schlägt Ihnen als Dateinamen den Blockeintrag aus dem FeatureManager vor. Speichern Sie den **Block** unter dem vorgeschlagenen Dateinamen `Schriftfeld.sldblk` ab.

Schließen Sie die Zeichnung mit dem Namen (hier) `Zeichn3` ohne sie zu speichern. Sie gelangen wieder zur (hier) `Zeichn2` mit dem vorbereiteten Blattformat `A4_Q_ISO7200_V1.slddrt.`

Nachbetrachtungen

Video 2.19 zeigt Ihnen die Erstellung des Blocks `Schriftfeld`.

2.5.3 Fertigstellen des Blatts DIN A4 Querformat

▶ Einfügen des Blocks `Schriftfeld.slddrt`

Klicken Sie **Extras, Block,** **Block einfügen....** Der PropertyManager **Block einfügen** öffnet sich. Wählen Sie **Durchsuchen** und öffnen Sie anschließend im Dialogfenster **Öffnen** den Block `Schriftfeld`. Der Einfügepunkt des Blocks hängt nun am Mauszeiger. Stellen Sie im Feld **Parameter** den **Blockmaßstab** **1** ein und platzieren Sie den Block am unteren Ende der rechten Rahmenlinie (achten Sie auf die Beziehung **Deckungsgleich**). Beenden Sie den PropertyManager mit **OK** ✓. (Bild 2.5.12)

Bild 2.5.12

▶ Auflösen des Blocks

Das Blattformt mit dem eingefügten **Block** `Schriftfeld` weist jetzt Fehler auf.

a) Die Rahmenlinien des Schriftfeldes müssen noch angepasst werden. (Bild 2.5.13)

b) Die Formatierung (Schriftart, Schriftgröße) der Bezugshinweise hat sich verändert. (Bild 2.5.14)

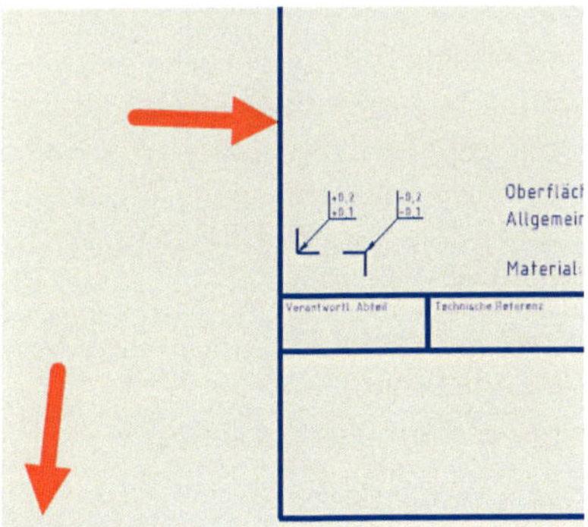

Bild 2.5.13

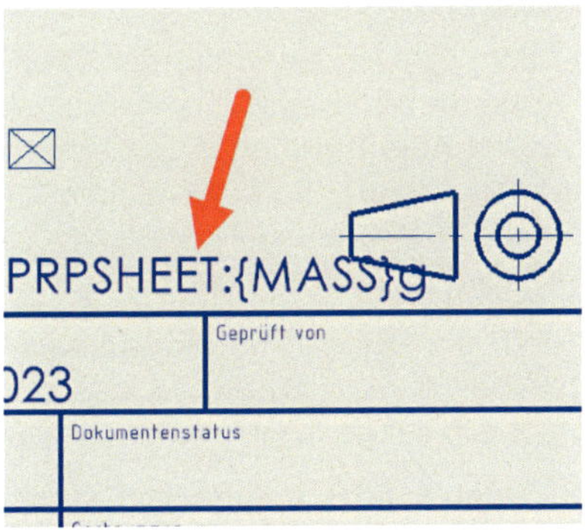

Bild 2.5.14

Zum Lösen der beiden Fehler müssen Sie den eingefügten **Block** `Schriftfeld` wieder auflösen. Klicken Sie dazu den **Block** mit der rechten Maustaste im Grafikbereich wieder an und wählen Sie im Kontextmenü **Block auflösen**.

Mit dem Auflösen des Blocks wurde der **Fehler b)** von SOLIDWORKS automatisch korrigiert. Allerdings sind nun weitere Fehler aufgetreten. (Bild 2.5.15)

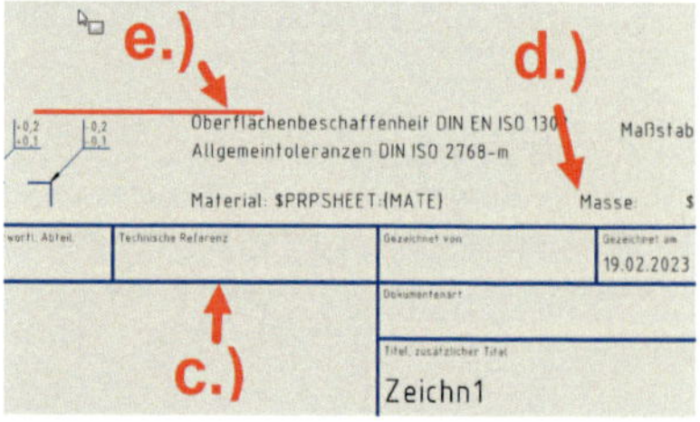

Bild 2.5.15

c) Die eingefügten Linien des Schriftfeldes wechseln ihre Farbe von **schwarz** auf blau (Status Unterdefiniert). Ihre Positionen auf dem Blattformat sind nicht mehr genau definiert, es fehlen Bemaßungen und/oder Beziehungen.

d) Die Fixierung der Bezugshinweise bzw. Blöcke ist aufgehoben.

e) Die Ausrichtung des Blocks `Werkstückkanten` zum Block `Textblock` hat sich verschoben.

Korrigieren der Rahmenlinien – Fehler a)

Klicken Sie auf der Skizze-Symbolleiste auf das Dreieck unter **Elemente trimmen**. Wählen Sie **Elemente verlängern** aus und bewegen die Maus über das linke Ende der unteren Rahmenlinie. Wenn die rote Vorschaulinie erscheint klicken Sie die linke Maustaste. Die Rahmenlinie wird bis zur nächsten Geometrie verlängert. (Bild 2.5.16)

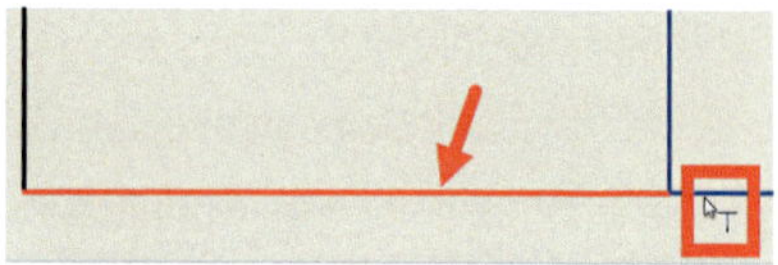

Bild 2.5.16

Klicken Sie wiederum auf der Skizze-Symbolleiste auf das Dreieck unter **Elemente trimmen** und wählen nun **Elemente trimmen** mit der Option **Intelligentes Trimmen**. Zum Löschen überflüssiger Linien, legen Sie gemäß der Abbildung 2.5.17 mit gedrückter linker Maustaste eine erste Mausspur oberhalb der Rahmenlinie (an der Lochmarke) und gemäß Abbildung 2.5.18 eine zweite Mausspur oberhalb des Schriftfeldes.

Durch die Reihenfolge der Mausspuren wird gewährleistet, dass nach dem Trimmen der überflüssigen Linien die linke senkrechte Linie des Schriftfeldes weiterhin mit der Linienstärke von **0,35mm** formatiert bleibt. (Bild 2.5.19)

Beenden Sie das Trimmwerkzeug mit **OK**.

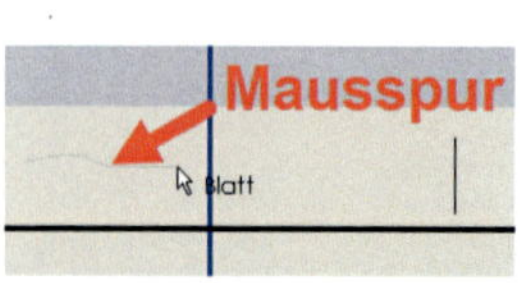

Bild 2.5.17

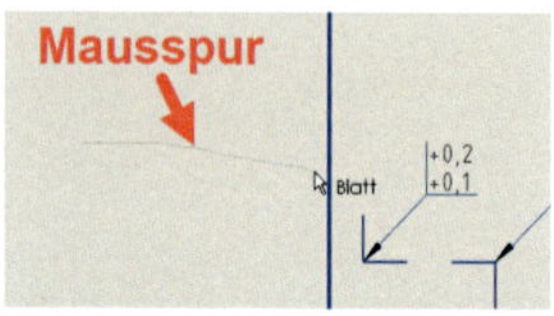

Bild 2.5.18

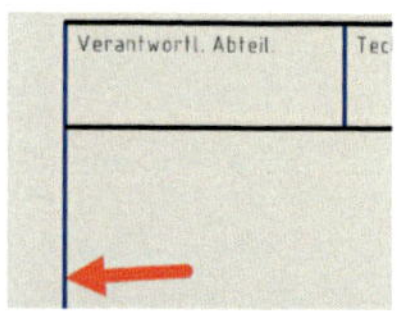

Bild 2.5.19

▶ Korrigieren der Rahmenlinien – Fehler c)

Klicken Sie auf **Ansicht, Ausblenden/Einblenden, Beschriftung**. Ihnen werden die mit im **Block** bzw. **Schriftfeld** hinzugefügten Bemaßungen vom erstellten Schriftfeld, in **grau**, angezeigt. (Bild 2.5.20)

Fügen Sie gemäß der Abbildung 2.4.26 die fehlenden Maße hinzu. (2.5.21)

Markieren Sie die hinzugefügten Bemaßungen über die **STRG-Taste** mit Rechtsklick. Wählen Sie aus dem Kontextmenü **Ausblenden** aus.

Verschieben Sie die untere Rahmenlinie. Fügen Sie anschließend eine Beziehung **Deckungsgleich** zwischen dieser Linie und dem markierten Punkt der rechten Rahmenlinie hinzu, um den Status **Voll definiert** zu erhalten. (Bild 2.5.22)

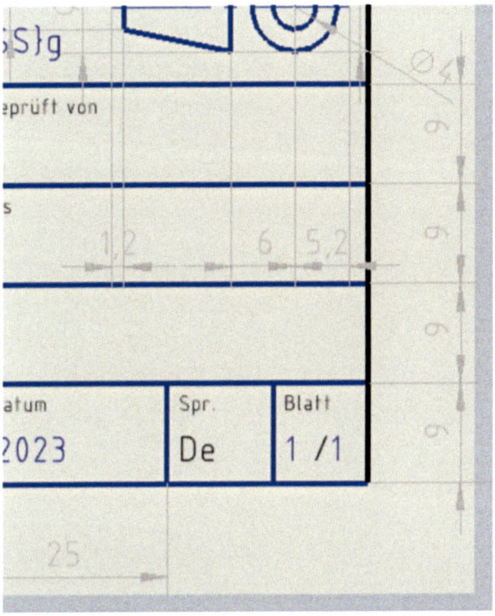

Bild 2.5.20

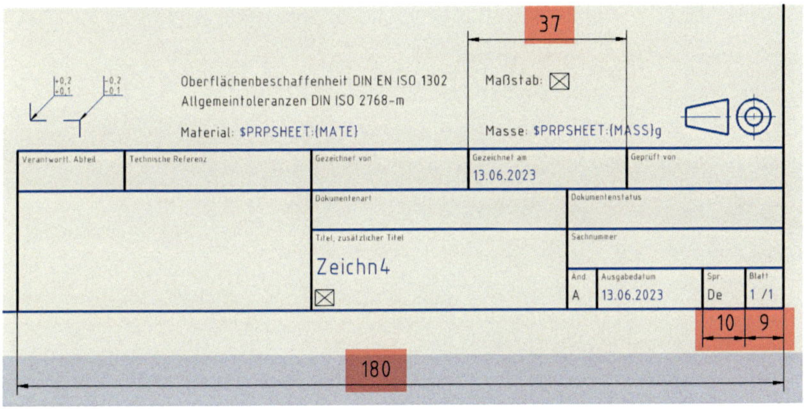

Bild 2.5.21

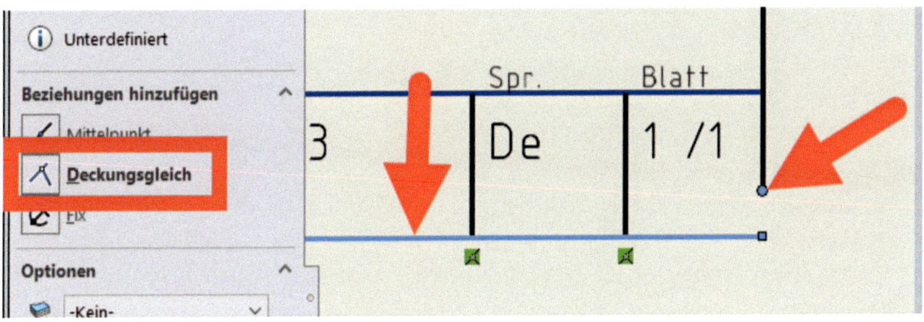

Bild 2.5.22

Fixieren der Blöcke `Projektionsansicht1` und `Werkstückkanten` – Fehler d)

Im Kapitel 2.4.5 **Erstellung und Einfügen von Blöcken** (Schritt 13 und 15) haben Sie die Position der (mittlerweile) aufgelösten **Blöcke** `Projektionsansicht1` und `Werkstückkanten` zum Schriftfeldrahmen über Bemaßungen bestimmt (Bild 2.5.23). Diese Positionen haben sich trotz des aktuellen Status **Unterdefiniert** dieser Blöcke nicht verändert. Zur Fixierung der aufgelösten Blöcke `Projektionsansicht1` und `Werkstückkanten` markieren Sie gemäß der Abbildung 2.5.24 nacheinander die dargestellten **Punkte**.

Fügen Sie diesen **Punkten** im PropertyManager jeweils die Beziehung **Fixiert** hinzu. Die Sinnbilder erhalten, an der **schwarzen** Linienfarbe zu erkennen, wieder den Status **Voll definiert**.

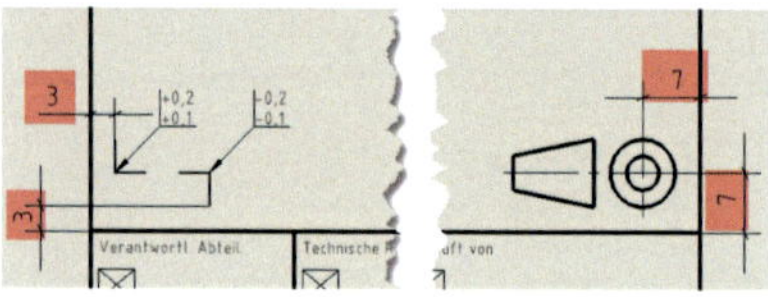

Bild 2.5.23

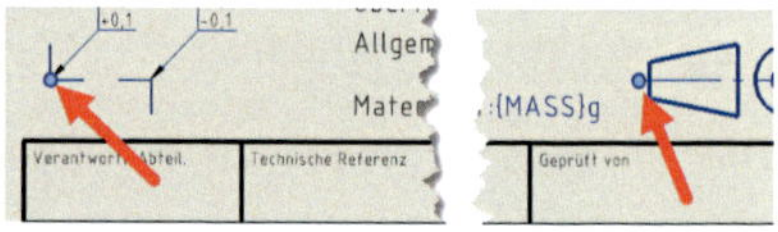

Bild 2.5.24

Beenden Sie zwischenzeitlich den Modus **Blattformat bearbeiten**. SOLIDWORKS wird den **Fehler e)** automatisch korrigieren. (Bild 2.5.25)

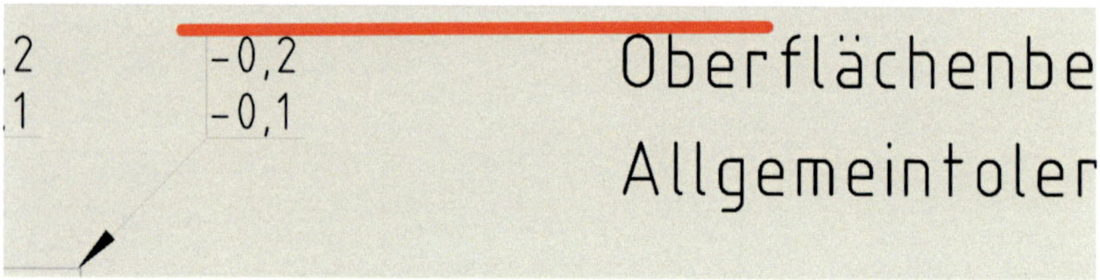

Bild 2.5.25

Klicken Sie mit der rechten Maustaste auf das Zeichenblatt und wählen Sie im Kontextmenü wieder **Blattformat bearbeiten**.

Fixierung der Bezugshinweise – Fehler d)

Markieren Sie mit Hilfe der Auswahlfilter-Symbolleiste und einem aufgezogenen Rahmen über das gesamte Schriftfeld, inklusive der Angaben über dem Schriftfeld, <u>alle Bezugshinweise</u>.

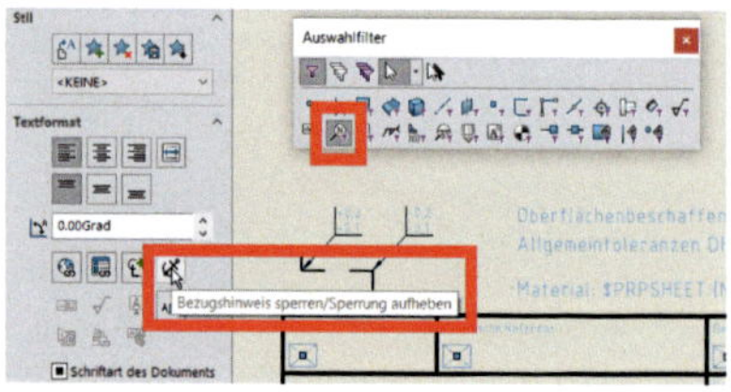

Bild 2.5.26

Klicken Sie anschließend im PropertyManager **Bezugshinweis** im Feld **Textformat** auf **Bezugshinweis sperren/ Sperrung aufheben**. (Bild 2.5.26)

Beenden Sie mit der erlernten Technik die Filterauswahl.

▶ Speichern des Blattformats

Klicken Sie auf **Datei, Blattformat speichern....** Vergeben Sie dem Blattformat (A4, Querformat, ISO 7200, Version 2) den Dateinamen `A4_Q_ISO7200_V2.slddrt`. Klicken Sie auf **Speichern**.

▶ Zwischenbetrachtungen

Video 2.19 zeigt Ihnen das Fertigstellen des Blatts DIN A4 Querformat (Schritte 1–7).

▶ Kopieren und Platzieren des Skizzenbilds

Erstellen Sie eine neue Zeichnung mit der Vorlage `Zeichnung Christiani (mm)` und dem aktivierten Blattformat `A4_H_ISO7200.slddrt`. Schließen Sie den PropertyManager **Modellansicht** mit **Abbrechen** ✖. Öffnen Sie das Blattformat über **Bearbeiten, Blattformat**.

Klicken Sie das Skizzenbild in der linken unteren Zelle des Schriftfeldes an und kopieren dieses über die Tastenkombination **Strg+C** in die Zwischenablage von Windows. Wechseln Sie über das Menü **Fenster** auf `Zeichnung1-Blatt1*` (Bild 2.5.27) und fügen das Skizzenbild über die Tastenkombination **Strg+V** in das Blattformat ein.

Doppelklicken Sie mit der linken Maustaste auf das Skizzenbild und stellen die Parameter des Skizzenbildes ein. (Bild 2.5.28) Beenden Sie den PropertyManager **Skizzenbild** mit **OK** ✔.

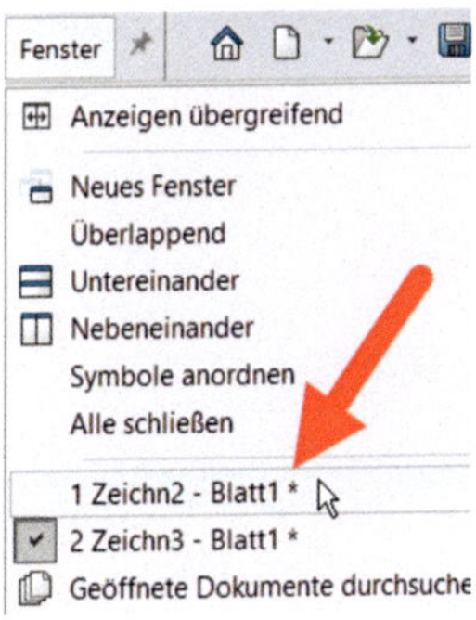

Bild 2.5.27

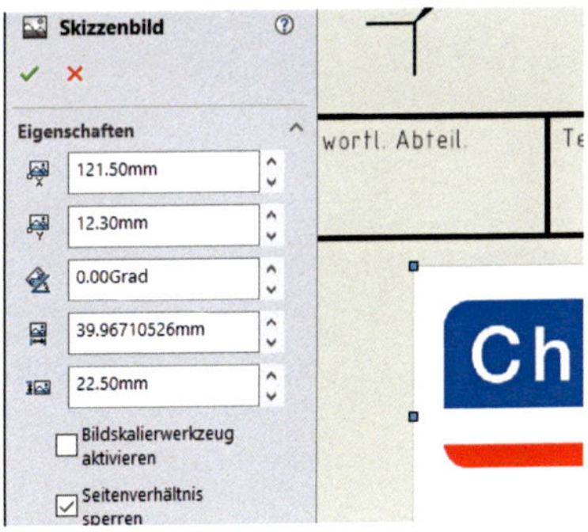

Bild 2.5.28

▶ Definieren eines Titelblocks

Klicken Sie im FeatureManager unter **Blatt** mit der rechten Maustaste auf **Blattformat1** und wählen aus dem Kontextmenü **Titelblockfelder...** aus.

Legen Sie die Größe des Titelblockbereichs über das Rechteck fest. Wählen Sie anschließend die markierten Bezugshinweise im definierten Titelblock aus. Diese werden im PropertyManager **Titelblocktabelle** unter dem Feld **Text-**

felder der Reihe nach aufgeführt. Vergeben Sie den Tooltipps als Namen jeweils die Überschriften der einzelnen Bezugshinweise. Beenden Sie den PropertyManager mit **OK** ✓. (Bild 2.5.29)

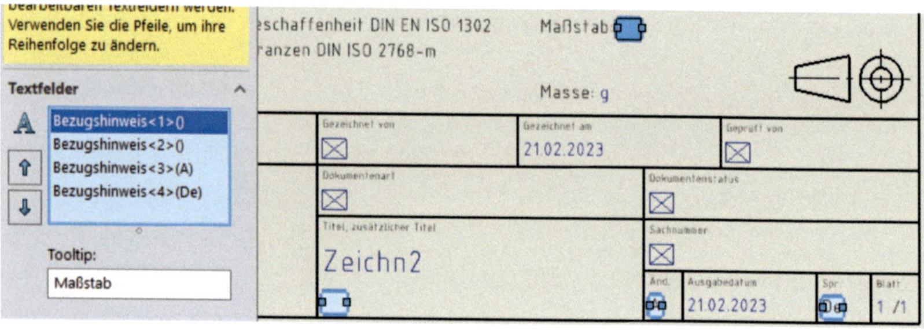

Bild 2.5.29

Speichern des fertigen Blattformats A4 Querformat

Klicken Sie abschließend auf **Datei, Blattformat speichern…**. Vergeben Sie dem Blattformat den Dateinamen `A4_Q_ISO7200.slddrt`. Klicken Sie auf **Speichern** und schließen Sie SOLIDWORKS ohne die Zeichnung zu speichern.

Nachbetrachtungen

Video 2.21 zeigt Ihnen das Fertigstellen des Blatts DIN A4 Querformat (Schritt 9–11).

2.6 Erstellung eines Blattformates A3 Querformat mit Schriftfeld

In den nächsten Schritten werden Sie ausgehend vom Blattformat `A4_Q_ISO7200` ein DIN A3 Blatt (Querformat) erstellen.

▶ Blattformat öffnen

Erstellen Sie eine neue Zeichnung mit der Vorlage `Ck2 Zeichnung Christiani (mm)` und dem aktivierten Blattformat `A4_Q_ISO7200.slddrt.` (Bild 2.6.1)

Schließen Sie den PropertyManager **Modellansicht** mit **Abbrechen** ✗. Klicken Sie mit der rechten Maustaste auf das Zeichenblatt und anschließend im Kontextmenü auf **Eigenschaften**. (Bild 2.6.2)

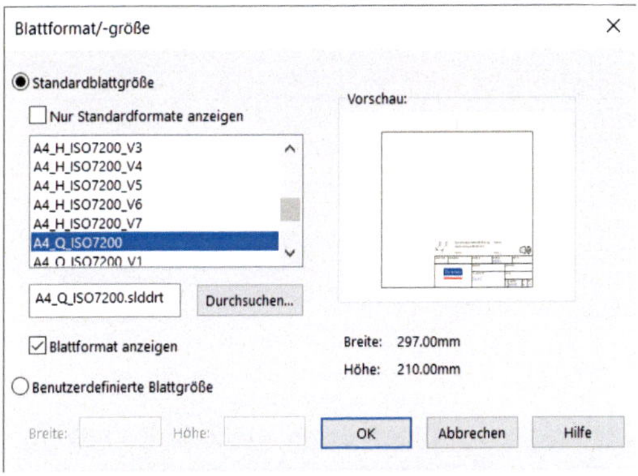

Bild 2.6.1

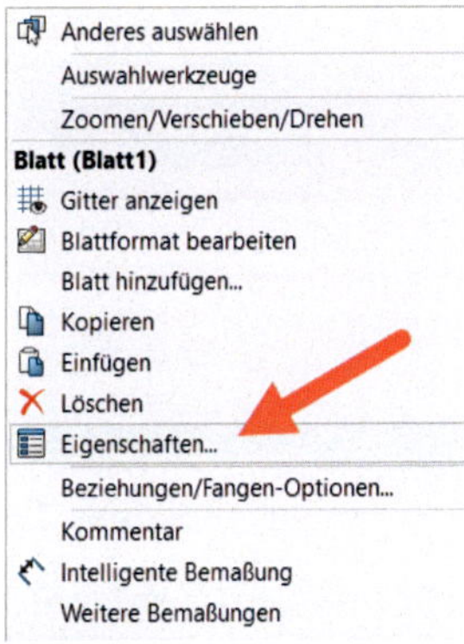

Bild 2.6.2

▶ Festlegen der Blatteigenschaften

Das Dialogfenster **Blatteigenschaften** öffnet sich. Achten Sie darauf, dass die Checkbox **Blattformat anzeigen** aktiviert ist. Wählen Sie das Optionsfeld **Benutzerdefinierte Blattgröße** und geben für die Breite des A3 Blatts **420mm** und für die Höhe **297mm** ein. Klicken Sie auf **Änderungen übernehmen**. (Bild 2.6.3)

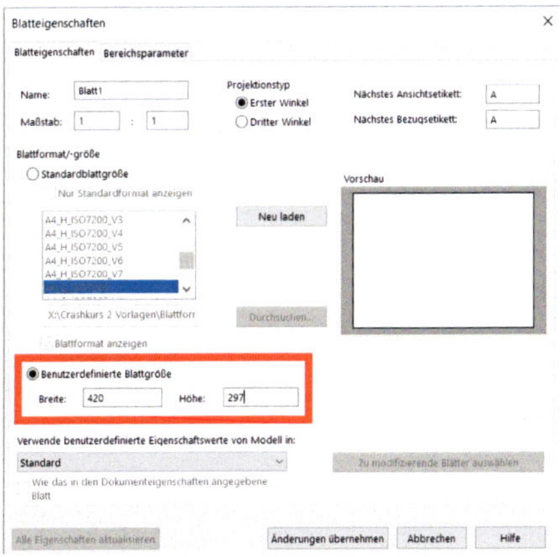

Bild 2.6.3

Modus „Blattformat bearbeiten“ aktivieren

Klicken Sie mit der rechten Maustaste auf das Zeichenblatt und wählen Sie im Kontextmenü **Blattformat bearbeiten**.

Markieren des kompletten Schriftfeldes

Markieren Sie über einen von links nach rechts aufgezogenen Rahmen das komplette Schriftfeld, inklusive der Bezugshinweise und Blöcke über dem Schriftfeld, aber ohne die Linien des Rechteckrahmens (180 x 277). Das Skizzenbild kann nicht mit in die Markierung eingeschlossen werden. (Bild 2.6.4)

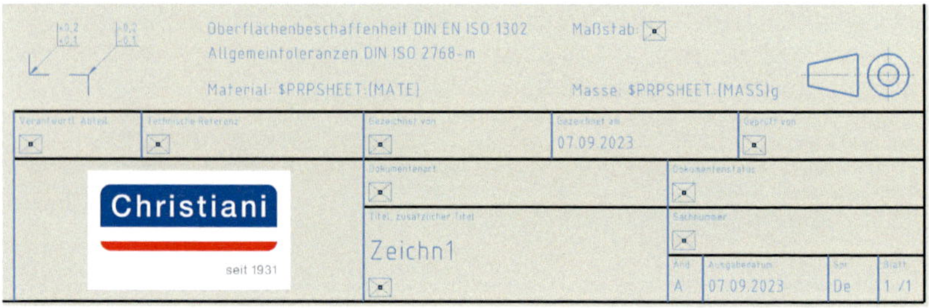

Bild 2.6.4

Erstellen des Blocks `Block1`

Klicken Sie auf **Extras, Block, Erstellen** und erstellen Sie einen **Block**.

Unter **Blockelemente** im PropertyManager **Block erstellen** sind alle markierten Objekte des Schriftfelds aufgeführt. (Abbildungen 2.6.5 und 2.6.6)

Der Ziehpunkt für die **Anfügung der Hinweislinie** und der Einfügepunkt (blauer **Ursprung**) müssen hier nicht gesetzt werden. Klicken Sie auf **OK** ✓. Bestätigen Sie das SOLIDWORKS Dialogfenster, dass der Titelblock im aktuellen Blattformat gelöscht wird.

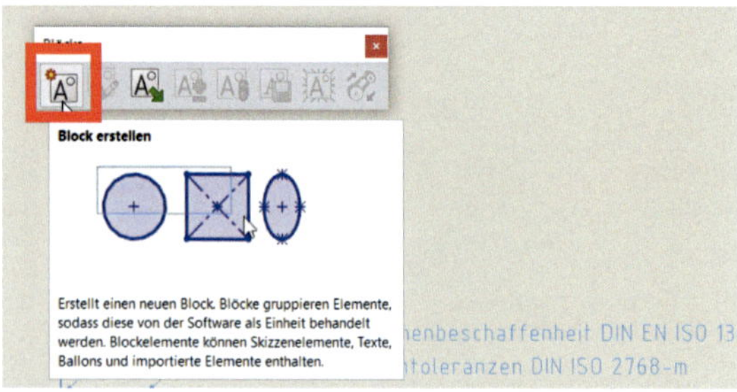

Bild 2.6.5

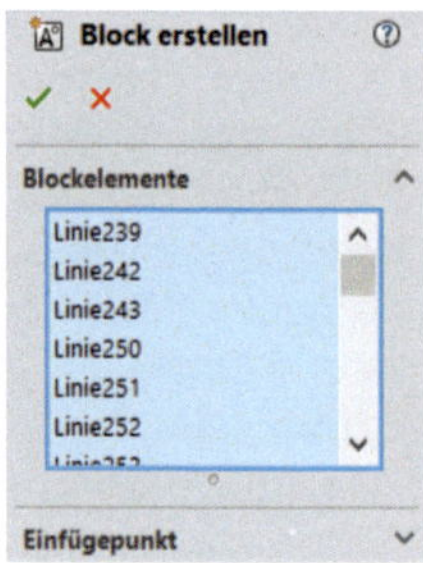

Bild 2.6.6

Nach dem Erstellen des **Blocks** wird dieser in der Zeichnung im Ordner **Blöcke** des FeatureManagers gespeichert. Da der **Block** nur kurzfristig benötigt wird, wird er jetzt nicht umbenannt und nicht abgespeichert. Die kleine Ampel Block1 am Blocksymbol bedeutet, dass die Zeichnung neu aufgebaut werden muss. (Bild 2.6.7)

Bild 2.6.7

Modellneuaufbau

Der **Modellneuaufbau** baut das Teil, die Baugruppe oder die Zeichnung nach Änderungen neu auf.

Zugriff:

- Klicken Sie auf **Modellneuaufbau** in der Menüzeile.
- Klicken Sie auf **Bearbeiten**, **Modellneuaufbau**.
- Drücken Sie die Tastenkombination **Strg** + **B**.

▶ Neuaufbau der Zeichnung

Klicken Sie auf **Bearbeiten, Modellneuaufbau.** Mit dem Neuaufbau ist nach dem Erstellen des Blocks die Zeichnung vorerst **Überdefiniert**. Sie erkennen dies an dem Eintrag Überdefiniert in der SOLIDWORKS Statuszeile. (Bild 2.6.8)

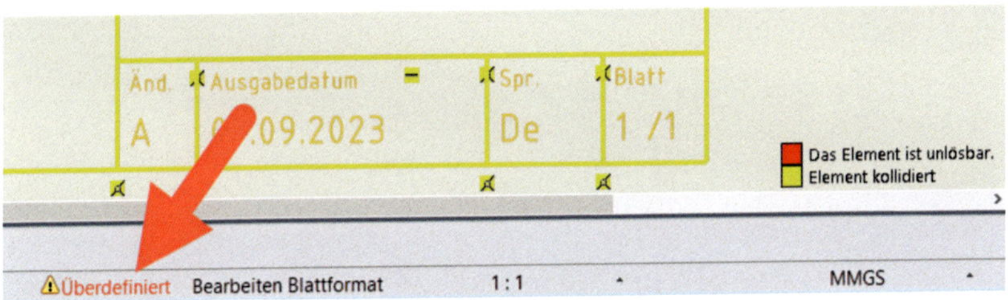

Bild 2.6.8

▶ Einblenden der Bemaßung

Klicken Sie auf **Ansicht, Ausblenden/Einblenden, Beschriftung** . Das Mausfeedback ändert sich in . Blenden Sie die **grauen** Maße des Zeichenflächenrahmens **180** und **277** wieder ein. Beenden Sie den Modus **Beschriftung** mit der **Esc**-Taste.

Ändern der Zeichenfläche

Ändern Sie das Breitenmaß der Zeichenfläche auf **390mm** und das Höhenmaß auf **277mm**. Durch die Änderung der Zeichenfläche verschiebt sich auch das Schriftfeld. Da das Schriftfeld als Block erstellt worden ist, bleiben die Positionen der Schriftfeldobjekte relativ zueinander bestehen. Die Position des Skizzenbilds werden Sie später über die **Eigenschaften** im PropertyManager **Skizzenbild** korrigieren.

Korrigieren der Position des Zeichenflächenrahmens

Klicken Sie die linke vertikale Linie des Rahmens an. Löschen Sie im PropertyManager **Linieneigenschaften** die bestehende Beziehung **Fixiert** über die **Entf**-Taste oder über das Kontextmenü mit **Löschen**. (Bild 2.6.9) Wiederholen Sie diesen Vorgang für die obere horizontale Linie des Rahmens.

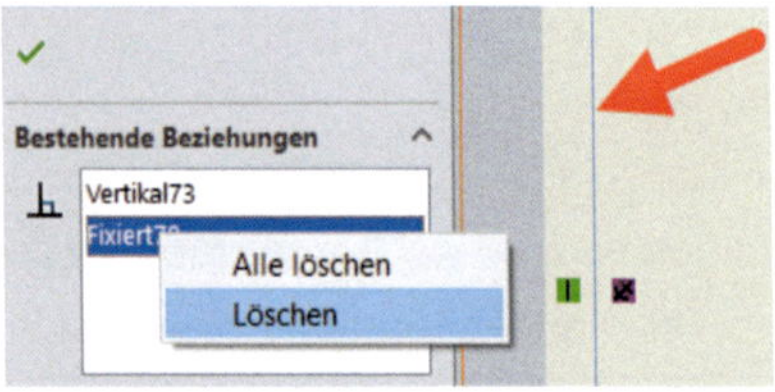

Bild 2.6.9

Verschieben Sie den Rahmen der Zeichenfläche in die linke obere Ecke des Zeichenblattes. Klicken Sie dazu auf den linken oberen Eckpunkt des Rahmens und halten die linke Maustaste gedrückt. (Bild 2.6.10)

Beenden Sie den PropertyManager **Punkt** mit **OK** ✓.

Bild 2.6.10

Positionen der Rahmenlinien

Nachdem Sie die A3 Zeichenfläche **390x277** festgelegt haben, muss der Rahmen auf dem Blatt noch positioniert werden. Der Abstand der Zeichenfläche zum linken Blattrand beträgt **20mm**, die Abstände zu den anderen Blatträndern betragen **10mm**.

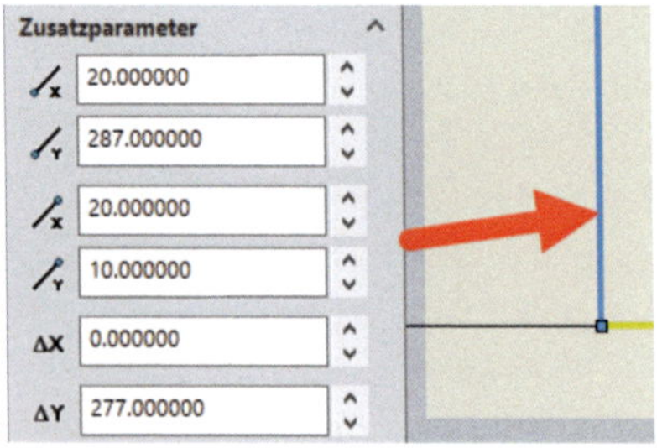

Bild 2.6.11

Wählen Sie die linke vertikale Linie des Rahmens aus. Vergeben Sie im Feld **Zusatzparameter** des PropertyManagers **Linieneigenschaften** die entsprechenden Koordinaten und Abstände. (Bild 2.6.11) Beenden Sie den PropertyManager mit **OK** ✓.

▶ Fixieren des Rahmens

Markieren Sie über die **Strg**-Taste die obere und die linke Linie des Rahmens. Fügen Sie im PropertyManager **Eigenschaften** unter **Beziehung hinzufügen** die Beziehung **Fix** hinzu. (Bild 2.6.12)

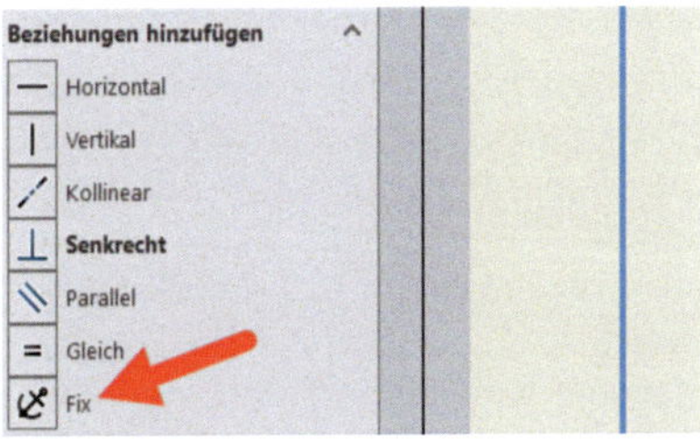

Bild 2.6.12

▶ Ausblenden der Bemaßung

Klicken Sie auf **Ansicht, Ausblenden/Einblenden, Beschriftung**. Klicken Sie nun nacheinander auf die beiden Bemaßungen **390** und **277**. Die Bemaßungen ändern Ihre Farbe in **grau**. Beenden Sie den Modus **Beschriftung** mit der **Esc**-Taste.

▶ Auflösen des Blocks `Block1`

Klicken Sie den **Block** `Block1` mit der rechten Maustaste im Grafikbereich an und wählen Sie im Kontextmenü **Block auflösen**. (Bild 2.6.13)

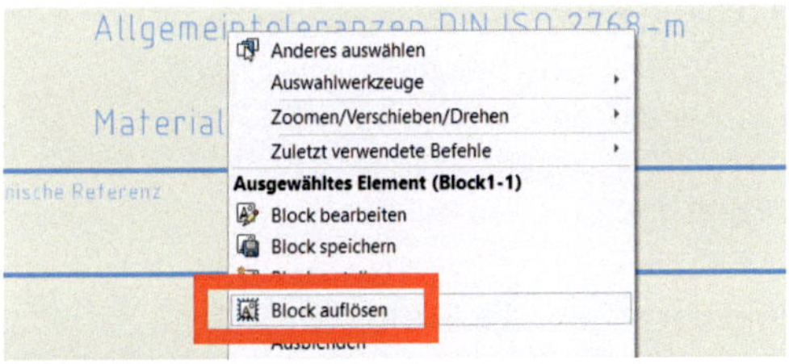

Bild 2.6.13

Mit dem Auflösen des Blocks wird der Status **Überdefiniert** der Zeichnung wieder aufgehoben. Sie erkennen dies an dem neuen Eintrag **Unterdefiniert** in der SOLIDWORKS Statuszeile.

▶ Korrigieren der Rahmenlinien

Durch die Änderungen sind auf der rechten Seite des Schriftfeldes Fehler in Form von Lücken aufgetreten, die Rahmenlinien sind nicht mehr durchgängig. (Bild 2.6.14)

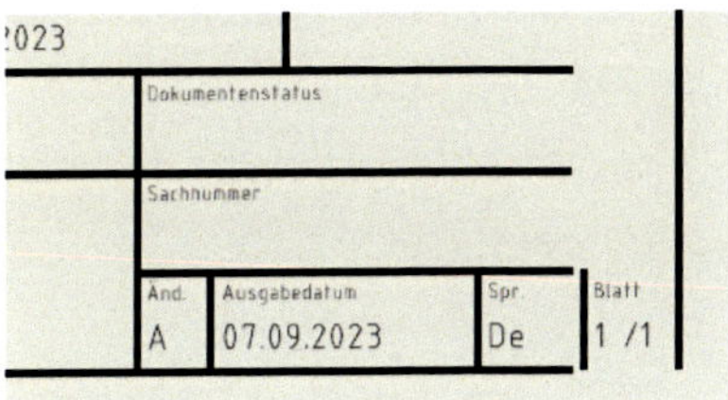

Bild 2.6.14

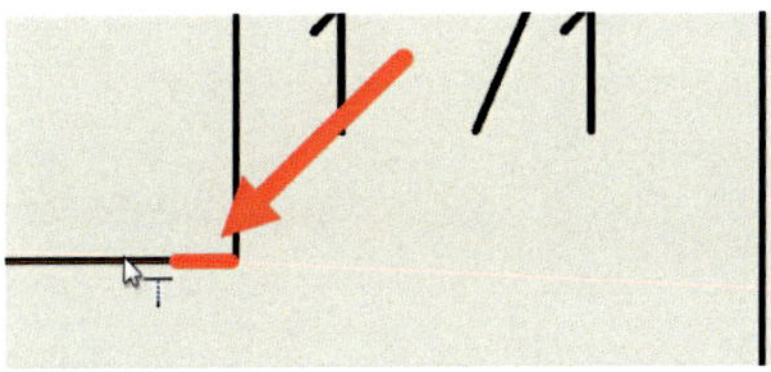

Bild 2.6.15

Klicken Sie auf der Skizze-Symbolleiste auf das Dreieck ▾ unter **Elemente trimmen**. Wählen Sie **Elemente verlängern** aus und bewegen Sie die Maus über das rechte Ende der unteren Rahmenlinie. Wenn die rote Vorschaulinie erscheint klicken Sie die linke Maustaste (Bild 2.6.15). Die Rahmenlinie wird bis zur nächsten Geometrie verlängert. Wiederholen Sie diesen Vorgang bis die untere Linie auf die rechte vertikale Rahmenlinie trifft. (Bild 2.6.16)

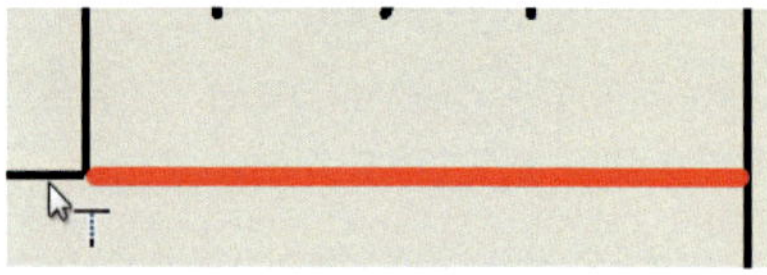

Bild 2.6.16

Für den Fall, dass die rechte Rahmenlinie nach unten übersteht, klicken Sie wiederum auf der Skizze-Symbolleiste auf das Dreieck ▾ unter **Elemente trimmen** und wählen nun **Elemente trimmen** mit der Option **Intelligentes Trimmen**. Zum Löschen der überflüssigen Rahmenlinie, legen Sie gemäß der Abbildung 2.6.17 mit gedrückter linker Maustaste eine Mausspur.

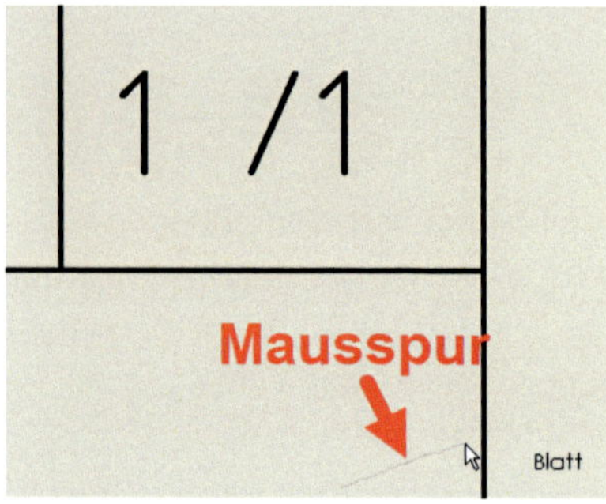

Bild 2.6.17

Platzieren des Skizzenbilds

Doppelklicken Sie mit der linken Maustaste auf das Skizzenbild und stellen Sie die Parameter des Skizzenbildes ein. (Bild 2.6.18) Beenden Sie den PropertyManager **Skizzenbild** mit **OK** ✓.

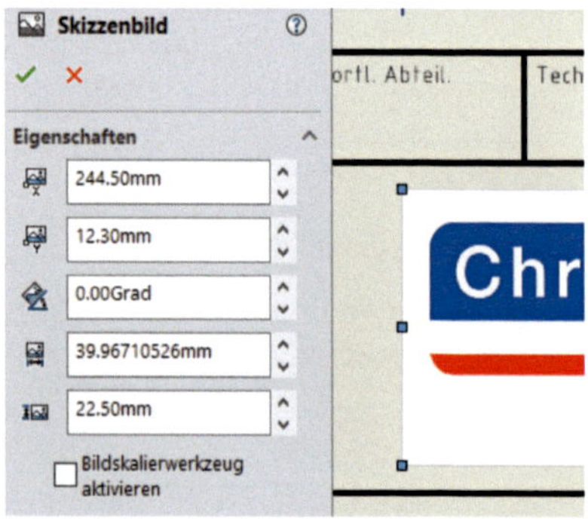

Bild 2.6.18

Platzieren der Lochmarke

Auf dem Blattformat befindet sich noch die Lochmarke. Klicken Sie diese an und löschen Sie im PropertyManager **Linieneigenschaften** die bestehenden Beziehungen **Vertikal** und **Fixiert**. (Bild 2.6.19) Vergeben Sie der Lochmarke die neue Beziehung **Horizontal**. (Bild 2.6.20)

Als **Linienstärke** für die Lochmarke belassen Sie **0,1mm**, die Breite der Linie beträgt weiter **12,5mm**. Die Zusatzparameter der Lochmarke sind gemäß der Abbildung zu wählen. **Fixieren** Sie abschließend die Lochmarke und beenden Sie den PropertyManager. (Bild 2.6.21)

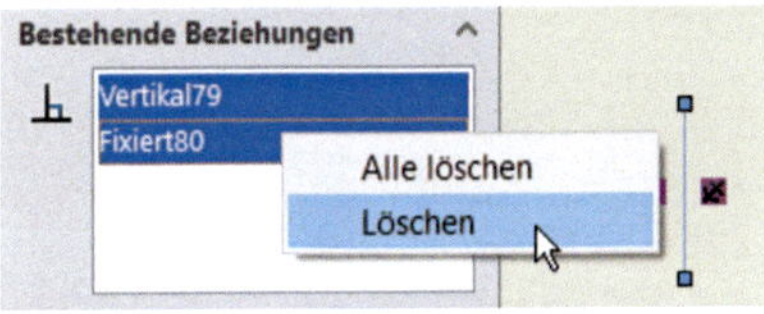

Bild 2.6.19

Bild 2.6.20

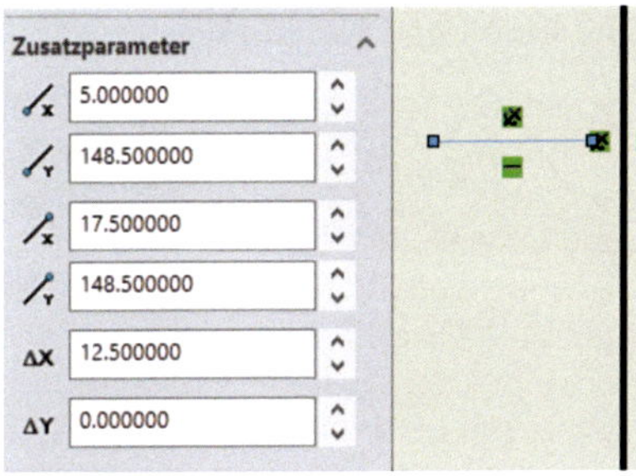

Bild 2.6.21

▶ Korrekturen an den Blöcken des Blattformats

Beenden Sie zwischenzeitlich den Modus **Blattformat bearbeiten** um den Versatz der **Blöcke** `Werkstückkanten` und `Textblock` zu korrigieren.

Bild 2.6.22

Aktvieren Sie anschließend erneut den Modus **Blattformat bearbeiten** um den **Blöcken** `Projektionsmethode 1` und `Werkstückkanten` mit der Beziehung **Fixiert** den Status **Voll definiert** zu vergeben. (Bild 2.6.22)

▶ Fixierung der Bezugshinweise

Markieren Sie mit Hilfe der Auswahlfilter-Symbolleiste und einem aufgezogenen Rahmen über das gesamte Schriftfeld, inklusive der Angaben über dem Schriftfeld, alle Bezugshinweise.

Klicken Sie anschließend im PropertyManager **Bezugshinweis** im Feld **Textformat** auf **Bezugshinweis sperren/ Sperrung aufheben**. (Bild 2.6.23)

Beenden Sie mit der erlernten Technik die Filterauswahl.

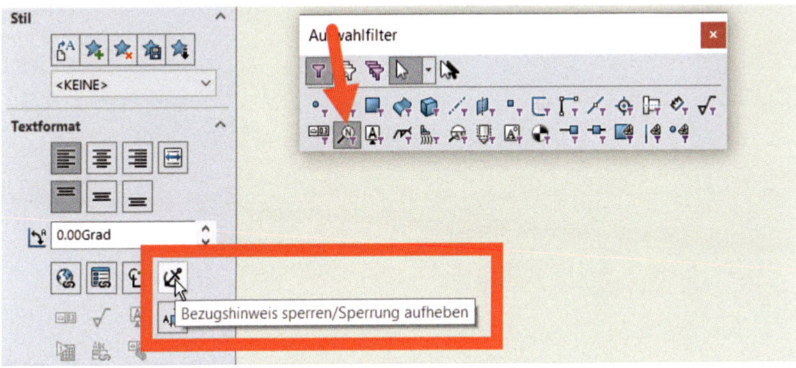

Bild 2.6.23

Definieren des Titelblocks

Klicken Sie im FeatureManager unter **Blatt** mit der rechten Maustaste auf **Blattformat1** und wählen aus dem Kontextmenü **Titelblockfelder...** aus.

Legen Sie die Größe des Titelblockbereichs über das Rechteck fest. Wählen Sie anschließend die markierten Bezugshinweise im definierten Titelblock aus. Diese werden im PropertyManager **Titelblocktabelle** unter dem Feld **Textfelder** der Reihe nach aufgeführt. Vergeben Sie den Tooltipps als Namen jeweils die Überschriften der einzelnen Bezugshinweise. Beenden Sie den PropertyManager mit **OK** ✓. (Bild 2.6.24)

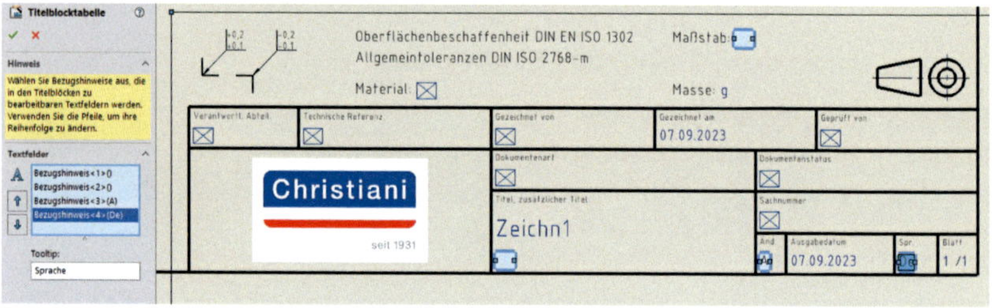

Bild 2.6.24

Speichern des fertigen Blattformats A3 Querformat

Klicken Sie abschließend auf **Datei, Blattformat speichern...**. Vergeben Sie dem Blattformat den Dateinamen `A3_Q_ISO7200.slddrt`. Klicken Sie auf **Speichern** und schließen Sie SOLIDWORKS ohne die Zeichnung zu speichern.

Nachbetrachtungen

Video 2.22 zeigt Ihnen das Fertigstellen des Blatts DIN A3 Querformat.

2.7 Anpassen der Dateipositionen für Blattformate

Für die Zeichnungsableitungen im Crashkurs **Teil 3 – Einführung in die Zeichnungsableitung von Bauteilen und Baugruppen** werden Sie die in Kapiteln 2.4 bis 2.6 erstellten Blattformate wieder verwenden.

▶ Löschen eines Ordnerpfades

Nach dem Start von SOLIDWORKS wählen Sie in der Menüzeile **Optionen** ⚙ oder rufen das Dialogfeld **Extras, Optionen...** auf, um die **Dateipositionen** der Blattformate in den Systemoptionen zu ändern.

Wählen Sie den Pfad `C:\ProgramData\SOLIDWORKS\SOLIDWORKS 2023\lang\german\sheetformat`. Je nach Installation kann sich Ihr Ordnerpfad hier unterscheiden.

Notieren Sie sich den Pfad, um ihn später ggf. wieder hinzufügen. Sie können auch die geänderten Systemoptionen auf den Werksstandard zurücksetzen, einerseits alle Systemoptionen, andererseits nur die Systemoptionen der aktuellen Seite. (Bild 2.7.1)

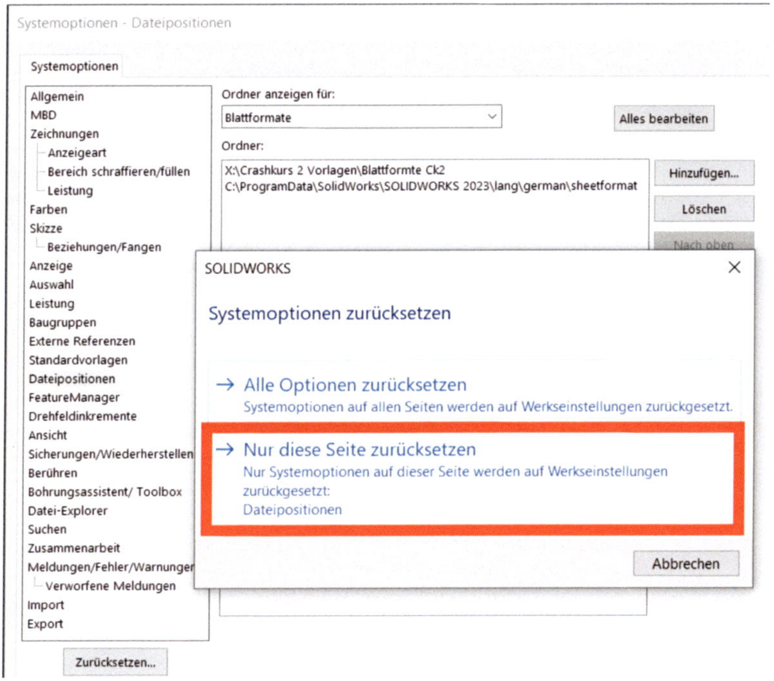

Bild 2.7.1

Klicken Sie den Button Löschen, um den markierten Pfad `C:\ProgramData\SOLIDWORKS\SOLIDWORKS 2023\lang\german\ sheetformat` für Blattformate zu löschen. (Bild 2.7.2)

Beenden Sie das Dialogfenster **Systemoptionen** durch Klicken auf **OK** ✓.

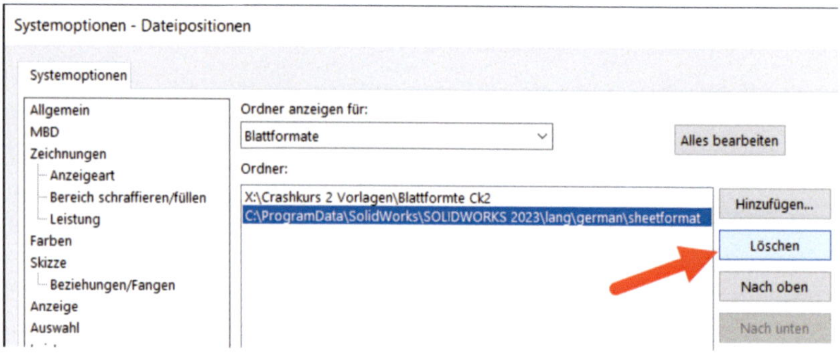

Bild 2.7.2

Verschieben der nicht benötigten Blattformate

Sie haben in den Kapiteln 2.4 bis 2.6 immer wieder verschiedene Zwischenversionen von Blattformaten abgespeichert, die Sie nun nicht mehr benötigen. Öffnen Sie im Dateiexplorer Ihren Vorlagenordner für Blattformate und verschieben Sie die gespeicherten Zwischenversionen in ein beliebiges vorher erstelltes Verzeichnis (hier `:\SOLIDWORKS Vorlagen\Blattformate Ck2\Blattformate (Vx)`). (Bild 2.7.3)

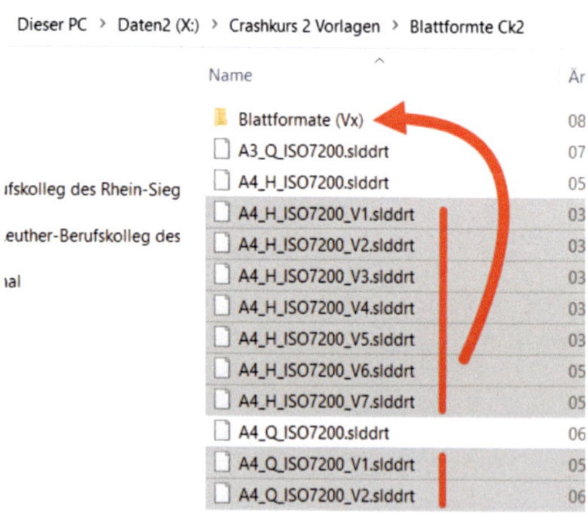

Bild 2.7.3

Nachbetrachtungen

Video 2.23 zeigt Ihnen die Anpassung des Vorlagenordners Blattformate.

Fazit

e sind nun am Ende dieses zweiten Crashkurses angekommen. Vielleicht werden e festgestellt haben, dass Sie mit den erstellten Dokumentenvorlagen und Blatt-maten erst eine benutzerdefinierte Basis geschaffen haben, um Ihre Bauteile und ugruppen mit SOLIDWORKS als Zeichnungsableitung darzustellen. Der Grundein-eg in die Handhabung der Werkzeuge, die Sie dazu benötigen, ist durch diesen ashkurs gelegt. Dennoch haben Sie bislang nur an der Oberfläche gekratzt. Ich öchte Sie einladen den Crashkurs **Teil 3 – Einführung in die Zeichnungsableitung n Bauteilen und Baugruppen** durchzuarbeiten, um weitere Funktionen kennenzu-nen und auszuprobieren.

ben dieser Möglichkeit bietet Ihnen die **SOLIDWORKS Hilfe** weiterhin eine hervor-gende Dokumentation aller Programmfunktionen zur Erstellung der Zeichnungsab-tungen an. **Stöbern Sie! Probieren Sie!**

 jedenfalls wünsche Ihnen am Ende nur eines: **Gutes Gelingen!**

4 Stichwortverzeichnis